江苏省未成年人
心理健康状况研究报告

万增奎⊙著

中国社会科学出版社

图书在版编目（CIP）数据

江苏省未成年人心理健康状况研究报告／万增奎著. —北京：中国社会科学出版社，2017.8

ISBN 978 – 7 – 5203 – 0639 – 3

Ⅰ. ①江… Ⅱ. ①万… Ⅲ. ①未成年人—心理健康—研究报告—江苏 Ⅳ. ①B844.2

中国版本图书馆 CIP 数据核字（2017）第 140264 号

出 版 人	赵剑英
选题策划	罗　莉
责任编辑	刘　艳
责任校对	陈　晨
责任印制	戴　宽

出　　版	中国社会科学出版社
社　　址	北京鼓楼西大街甲 158 号
邮　　编	100720
网　　址	http://www.csspw.cn
发 行 部	010 – 84083685
门 市 部	010 – 84029450
经　　销	新华书店及其他书店

印　　刷	北京明恒达印务有限公司
装　　订	廊坊市广阳区广增装订厂
版　　次	2017 年 8 月第 1 版
印　　次	2017 年 8 月第 1 次印刷

开　　本	710×1000　1/16
印　　张	17.5
插　　页	3
字　　数	261 千字
定　　价	79.00 元

江苏省高校哲学社会科学研究重点项目《城市流动儿童品行状况及其教育现状的调查研究》（2016ZDIXM030）的研究成果

教育部普通高等学校人文社会科学重点研究基地"南京师范大学道德教育研究所"研究成果

南京晓庄学院基金项目《城市流动儿童家庭环境与品行状况的问题研究》（2016NXY06）研究成果

江苏省社科应用研究精品工程立项项目《城市流动儿童心理健康现状、问题和对策研究——以南京市为例》（17SYB-109）研究成果

目　　录

第一章 绪论

第一节 调查背景

当今世界正处于科技和工业迅猛发展、医疗条件不断改善、社会物质生活日益丰富的伟大时代，人们对自身的关注越来越密切。例如，当我们身体的哪个部位稍觉不舒服时，我们就会急赶着去医院做检查和治疗。然而，我们对自身的关注，依然更多地停留在物质和生理层面，对自己的精神生活特别是心理生活的关注和关心还远远不够。较之于身体健康，心理健康更加抽象、隐讳和难以量定，民众通常都会将心理上的不适错误地判断为身体某个部位出了问题所致。在中国，由于传统文化的影响和医疗条件的局限，大多数民众对于心理健康问题的敏感性不强和认识度不够，久而久之便引发了许多和心理健康有关的社会问题，近些年发生的南平校园惨案、湛江校园惨案以及富士康员工接连跳楼自杀案件更是血淋淋的例证。我们必须认识到，忽略心理健康问题并不等于心理健康问题不存在。在这样一个社会竞争日益激烈甚至残酷的信息化时代，我们应该密切关注和积极关怀民众特别是广大青少年的心理健康。

一个有远见的民族总是把目光投向青少年，一个有远见的政党总是把青少年看作历史发展和社会前进的重要力量。一个国家的兴盛，不仅仅在于国库的殷实和公共设施的华丽，同时还在于公民的文明素养，其重要方面是国民的人格高下。在当今，人类社会已经进入信息化的时代，快速多变、视域宽广的时代特点使青少年的生活空间正在发生剧烈的变化，许多传统的观念正在被他们打破，他们的许多新价值观念却又受到来自家庭、同伴、网络传媒与社会环境等各方面的挑战。

改革开放近40年来，我国经历了由传统农业社会向现代工业社会、由传统计划经济向现代市场经济、由传统粗放经营向现代科学发展的伟大转型。目前，我国正处于全面实现小康，建设富强、民主、文明、和谐社会的新的变革转型时期，处在世界各国、各民族、各种文化和意识形态不断接触、互相影响而又容易引发冲突的全球化背景之下。江苏作为社会、经济、文化和教育发展等均走在全国前列的省份，目前正在为"率先全面建成小康社会、着力建设经济强百姓富环境美社会文明程度高的新江苏"而努力奋斗。在这个大背景下，如何更好地为我省未来发展培养和储备心理健康的人才，是心理健康教育和研究工作者应该重点考虑的问题。因此，我们受江苏省文明办委托，对江苏省青少年的心理健康状况进行了一次科学全面的调查，旨在了解现状、总结规律、发现问题、研究对策。

随着社会的变革，医学模式的转变，健康的内涵已经更新。现在越来越多的人认识到只有身体的健康不是真正的健康，必须在身体、心理和社会适应方面都达到完满状态，才称得上真正的健康。因此，儿童少年是否健康，与生理、心理以及社会因素有着密切的关系。青少年的心理健康水平影响其综合素质和能力的提高，也影响祖国的建设和发展。其心理健康教育及素质教育的重要指标关系到国家教育目标的实现。首先，社会发展形势迫切需要对青少年心理发展状况进行深入了解，青少年心理健康正成为当前公众关注的热点问题之一。其次，近年来青少年自杀的比例呈上升趋势，而且年龄越来越低，是当前我们面临的一个严峻的社会问题。

当前我国社会在总体上的特点表现在"三多"上，即：多样、多变、多元。而当前的未成年人则表现为崇尚个性自我，尤其是独生子女的身上存在"三多"（宠爱多、包办多、惯养多）倾向、"三少"（经受风雨少、锻炼少、关心他人少）倾向和"三差"（吃苦差、自理差、心理素质差）状况。

青少年作为一个充满活力的庞大群体，正处于生理和心理的人生特殊发展阶段。随着身体发育、心理发展和阅历增加，再加上社会和学校内部竞争压力增大，青少年在生活、学习、交往和自我意识方面可能会遇到或产生各种各样的心理问题。有些心理问题如果得不到及时有效的干预，将会对青少年的健康成长带来不良影响，严重者可能会导致人格障碍和行为异常。无论是发达国家还是发展中国家，青少年的心理健康状况都不容乐观。调查研究表明：国外 16.79% 的青少年学生存在不同程度的心理健康问题，其中初中生占 13.76%，高中生占 18.79%，而且伴随着年龄增长心理健康问题呈上升趋势。国内有 10%—30% 的青少年存在不同程度的心理健康问题，17 岁以下的 3.4 亿儿童和青少年中约有 3000 万人受到情绪障碍和心理行为问题的困扰。世界卫生组织预测，到 2020 年，全世界范围内发生神经心理问题的儿童和青少年将增加 50% 以上，届时神经心理问题将成为导致青少年疾病、残疾和死亡的前五位原因之一。① 可见，无论国外还是国内，青少年心理健康都应成为政府、家庭、学校和社会密切关注的重大而迫切的问题。

调查表明，未成年人喜欢得到同龄人的精神慰藉。有一项调查"你最喜欢与谁相处"，结果表明，回答与父母相处的占 17%，回答与同伴相处的占 76%，说明近 3/4 的人想摆脱父母的控制。在北京，一位十三四岁的中学生购买了 1.8 升汽油，纵火烧了网吧，被审讯的时候问"你父母是谁？"学生回答："哪一个父母？"在马加爵的笔录里，问："你为什么要杀人？"回答："他们瞧不起我。"问："为什么会有这种感觉？"答："家里穷。"

《生命时报》报道，很多 12—18 岁的美国中学生因学习、人际关系、家庭等产生心理问题，甚至有人选择自杀。据美国疾病控制与预防中心 2016 年的数据，美国每年约 1700 万中小学生患有精神方面的疾病。美国儿科学会在今年 7 月发布报告称，自杀已成为 15—19 岁美国青少年死亡的第二大原因，特别是与父母关系紧张、学业压力大

---

① 莫夏莉：《中学生心理健康状况及相关因素研究》，硕士学位论文，河北医科大学，2011 年。

的中学生，自杀倾向明显增加。同样，根据人民网报道，我国每年自杀身亡人数为28.7万人，按儿童占0.9%计算，每年自杀身亡的儿童人数大约为2583人。近年来，学生自杀事件频出，悲剧的接连发生令人悲哀，也更令人震惊。国外的统计数据表明，自杀人群中80%—85%患有精神或心理性疾病，而我国的数据是60%左右，其中抑郁症患者在自杀人群中占首位。

青少年正处在身心发展的重要时期，随着生理、心理的发育和发展、社会阅历的增长及思维方式的变化，特别是面对社会竞争的压力，他们在学习、生活、自我意识、情绪调适、人际交往和升学就业等方面，会遇到各种各样的心理困扰或问题。

调查了解江苏省未成人心理健康现状，可以更好地为落实贯彻教育部印发的《中小学心理健康教育指导纲要（2012年修订）》（以下简称《指导纲要》），为进一步加强和改进中小学心理健康教育工作提供参考，为提高全体学生的心理素质，培养学生积极乐观、健康向上的心理品质，为学生健康成长提供依据，为江苏省未成年人心理健康教育的科学化、规范化、制度化建设提供一定的参考依据。

深入了解江苏省未成年人的心理健康状况，为江苏省未成年人心理健康教育的科学化、规范化、制度化建设提供一定的参考依据。对全省青少年心理健康状况的调查体现着江苏省宣传部和文明办对全省青少年的关心，体现着社会对青少年健康成长的关注，也必然会促进江苏省和谐社会的建设。

第二节 相关概念

一 健康

健康和长寿自古以来就是人类的美好愿望和永恒追求。近些年来，随着社会发展和生活水平提高，人们对健康的关注越来越密切，对健康的概念理解也较之前发生了重大变化。事实上，人们对健康概念的理解是不断发展的，大体经历了生命即健康→无病即健康→生理和心理健全以及社会适应良好即健康→生理和心理健全、社会适应良好、道德完善即健康四个发展阶段①。

　　在生产力水平极端低下的人类社会发展早期，人们无法与自然灾害和身体疾病相抗衡，一旦患上某种严重疾病便会丧命，因而便把健康理解为生命。随着后来生产力发展和物质财富增加，人们开始思考如何消除和预防各种疾病，在延长寿命的同时积极提高生活质量，这个时候便以是否患病作为衡量一个人是否健康的标准尺度，也就是说，无病即健康。到了 20 世纪，随着科技迅猛发展和生活节奏加快，人们的心理压力日益加重，于是心理是否健全和社会适应是否良好便被纳入衡量健康的标准之中。这样，健康便不再被认为仅仅是躯体状况的反映，而且还是心理活动和社会适应状况的综合体现。步入 21 世纪之后，世界卫生组织又将"道德健康"纳入健康的范畴之中，这便呈现出"生理、心理和社会"多维的健康观。总体而言，人们对健康的理解，是随着人类社会物质文明和精神文明的进步而不断变化的。

二　青少年心理健康

　　青少年心理健康涉及范围较广、层次较深，因而我们很难给出一个明确而统一的界定。没有心理疾病，并不代表着某个青少年的心理就是健康的。如果一名青少年并无心理疾病或变态行为，但他缺乏积极生活态度、逃避与他人交往、自控能力较差、人际关系失调等，也是心理不健康的重要表现。因此，青少年心理健康不仅仅指没有心理疾病或变态行为，也不仅仅指社会适应良好，还应包括人格的健全完善和心理潜能的充分发挥，是内部协调与外部适应的综合。心理活动中的任何过程发生障碍都将产生心理健康问题，只有当所有心理活动过程及其相互作用都处于正常状态，并且能够很好地适应外部环境之时，我们才可以说某个青少年的心理是健康的。有研究者曾将心理健康作了广义和狭义之分，前者指一种高效、满意而持续的心理状态，

────────────

①　郭亨贞、谢旭、王怡：《刍议现代健康概念的分层》，《西北医学教育》2006 年第 2 期，第 132—135 页。

后者指认知、情感、意志、行为和人格等基本心理活动的过程和内容的完整、协调与一致。① 事实上，心理学史上的荣格、奥尔波特、罗杰斯、马斯洛、弗洛姆以及弗兰克尔等著名心理学家都从自己的理论立场出发对心理健康作了界定，但综合而言，我们可以认为，青少年心理健康并不是青少年消极地维持正常状态以及治疗、矫正和预防心理疾病或者心理障碍，而是有意识地控制自己，正确地了解自己，立足于现在并朝向未来，渴望在生活中有新的挑战和新的目标，从而推动自我成长和自我发展。②

近些年来，随着经济迅速发展、信息广泛传播和生活节奏加快，社会竞争越来越激烈，青少年的人生观、价值观和心理生活受到前所未有的冲击，他们在成长和发展过程中更容易陷入思想、情绪和行为的混乱状态，从而面临严重的心理困惑和危机。比如，悲观、自卑、焦虑、抑郁、冷漠、逆反、逃学甚至自杀。

三 青少年心理危机

著名心理学家斯坦利·赫尔和爱德华·斯普兰格认为，青少年心理危机主要就是指青春期危机，即青少年在这个阶段特有的生理和心理基础之上，由于受到来自家庭、学校和社会的诸多不利因素的影响而出现的成长受阻或发展中断现象。后来，著名的发展心理学家和精神分析学家埃里克·埃里克森在此基础上提出了同一性危机理论，认为青少年受家庭、学校、社会以及自身的影响在自我发展过程中会逐渐形成自我同一性和心理社会同一性，但在同一性形成和发展过程中也存在多种危机，包括学业危机、道德危机和灾后心理危机等。青少年往往比较关注自我而缺乏应付社会复杂局面的经验和技巧，往往抗拒传统文化而又无法重建合理的价值体系，这个时候便会产生同一性危机。青少年心理危机具有如下四个特点：（1）同一性，即青少年

① 李雪平：《关于心理健康结构维度的研究及理论构想》，《西华大学学报》（哲学社会科学版）2004 年第 5 期，第 79—81 页。
② 李蔚：《心理健康的定义和特点》，《教育研究》2003 年第 10 期，第 69—75 页。

无法将自己的过去、现在和未来有效整合成有意义的自我整体形象；
（2）发展性，即青少年心理危机是青少年在生理、心理、社会和教育等多种因素影响下而发生的发展性危机；（3）差异性，即青少年因年龄和背景不同而对危机的感应和应对能力具有明显差异；（4）掩饰性，即青少年因希望表现出成人感而通常会对危机症状加以掩饰[①]。

四　自我意识

自我意识是人的意识领域的重要组成部分，指的是个体对自己的心理、思维和行为活动的内容、过程以及结果的自我认识、自我体验和自我监控。简单来说，自我意识就是自己对自己的生理状况、心理特征以及自己与他人关系的觉察和认识，它具有意识性、能动性、同一性和社会性等特点。从结构上看，自我意识包括自我认识、自我体验和自我监控三部分，即知、情、意。（1）自我认识是自我意识的认知成分和首要成分，也是自我调节控制的心理基础，包括自我感觉、自我观察、自我分析和自我评价。（2）自我体验是自我意识的情感成分，是主体由对自身的认识而引发的内在情感体验，包括自尊心、自信心、内疚感和羞耻感等内容。（3）自我监控是自我意识的意志成分，主要表现为主体对自己的行为、活动和态度的监察和调控，包括自我检查、自我监督和自我控制等。从形成和发展上看，每个人的自我意识都不是生而具有的，而是在与他人交往互动的过程中根据他人对自己的看法和评价逐步形成和发展起来的。青少年时期是人的自我意识发展的第二个飞跃期，因为青少年身体发育特别是性发育逐渐趋向成熟，他们为此常常感到矛盾、困惑和不适应，因而就会更加关注自我的发展与变化。例如，他们极为注重自己的外貌和风度，非常看重自身能力和学习成绩，强烈彰显自己的个性，具有强烈的自尊心，并且常常表现出逆反情绪和行为。

---

① 叶秀秀、牛欣欣：《青少年心理危机的原因及干预对策探析》，《现代交际》2015年第7期，第187—188页。

五 社会适应

社会适应是个体逐渐接受现存的社会生活方式、道德规范和行为准则从而促使自身人格形成和发展的过程，它也是反映一个人的心理成熟度和社会成熟度的重要指标。在社会适应的过程中，个体不断学习和掌握生存和生活所必需的各种社会技能，自觉遵守社会道德规范和法律法规，通过不断学习、交往、发展和创造，应对社会生活环境的各种变化和挑战，从而逐渐成长为能够承担社会责任的独立主体。社会适应往往通过个体与社会环境的互动来实现，并且社会适应水平通过社会适应行为表现出来。青少年时期是个体在生理和心理方面发生急剧变化、充满"暴风骤雨"的特殊时期[①]，他们面临着许多社会适应的任务和挑战，诸如学习任务增加和压力增大、社会交往范围扩大、性心理觉醒、对友谊的渴求变得强烈、对网络的迷恋加深以及社会责任心增强等等，这都需要他们能够以恰当的方式去适应社会生活环境。例如，社交缺失和社交能力弱化已成为当代青少年存在的普遍问题，以致许多青少年出现了恐惧社交的现象。[②] 这显然是社会适应不良的表现。影响青少年社会适应的因素有很多，内部因素包括情绪调控能力、自我效能、人格因素和应对方式等，外部因素包括家庭和父母、社会支持、网络使用、课外活动和体育运动等，心理健康教育工作者可以从影响青少年社会适应的种种因素出发来开展教育和引导工作。

六 生活事件

生活事件是个体在生活、学习、工作和社会当中所经历的各种紧张性刺激的总和，通常与家庭状况、恋爱婚姻、人际关系、工作环境、学习情况、经济条件、风俗习惯、社会地位、宗教信仰、个人爱

---

① Arnett, J. J. Adolescent storm and stress, reconsidered [J]. *American Psychologist*, 1999. 54 (5), pp. 317 –326.

② 王洛：《社交障碍逼近当代青少年》，《大河报》2010 年 9 月 20 日 B06 版。

好、种族观念等有密切关系，多表现为生活中影响重大的事件。生活事件往往可以使人的生活习惯、情绪情感和行为方式发生某些改变，需要个体做出及时有效的应对，否则就可能会让人产生焦虑不安和消沉失落的内心感受和体验。不过，生活事件能否引发人的生理或心理反应甚至导致健康问题，不但取决于生活事件本身的发生程度、刺激强度和持续时间等属性，而且还受个体对生活事件的认知评价和应对方式的影响。① 无论如何，生活事件与人的心理健康存在密切关联，并且已被作为测量心理健康和应激的重要指标参数。对于应对能力尚且有限的青少年而言，生活事件往往会给他们带来巨大的心理压力，他们在认知、情感和生理方面对生活事件的敏感性越强，所体验到的心理压力就会越大。如果多个重大生活事件在一定时间内集中出现，就很容易给青少年带来严重的心理健康问题。

七　青少年心理健康标准

青少年心理健康标准是衡量青少年心理是否健康的客观指标，也是制定青少年心理健康量表以及对青少年进行心理健康诊断和心理健康教育的重要依据。由于青少年心理健康本身的复杂性，人们长期以来很难对青少年心理健康标准做出一个明确而统一的规定，通常都是仁者见仁、智者见智。2000 年的时候，原国家教委副主任柳斌先生在其编著的《学生心理健康教育全书》中对青少年心理健康标准作了如下十个方面的规定：（1）与同学、老师以及亲戚朋友有良好的人际关系，尊师敬友，乐于交往；（2）对学习、工作和生活保持积极乐观态度；（3）能够适应现实的环境并与之保持良好的接触；（4）人格健全完善；（5）能够了解和接纳自我，具有正确的自我观念，能够体验自我存在的价值和意义；（6）具有稳定和乐观的情绪，并能够适度地表达和控制自己的情绪；（7）具有很好的自我防护保卫意识和较高的挫折承受能力；（8）具有现实的社会责任感和人生

---

① 黄锟、陶芳标、高茗：《中专女生生活事件、应对方式与抑郁、焦虑情绪的关系》，《中国学校卫生》2006 年第 11 期，第 895—896 页。

目标，热爱生活和集体；（9）具有符合其年龄特征的心理特点和行为方式；（10）具有一定的自信心、自主性和安全感，但不是过强的逆反心理。① 近十几年来，随着社会的发展和研究手段的进步，人们对于青少年心理健康标准的认识一直处于不断完善和更新之中。例如，桑志芹教授领衔，采用问卷调查和因素分析等方法，提出新时代大学生的心理健康标准应包括五个维度：基本心理能力、内外协调适应、情绪情感稳定、角色与功能协调、良好的学习能力。② 这对于我们确定青少年特别是中小学生的心理健康标准不无启发价值。

八 青少年心理健康教育

青少年正处于身心发展迅速、人格特征易于塑造的关键时期，他们的心理健康状况会直接影响今后的学习、工作和生活，因而对他们开展及时有效的心理健康教育实为必然。事实上，青少年心理健康教育已经成为当代素质教育的重要组成部分。所谓青少年心理健康教育，就是根据青少年的身心发展特点，运用科学、有效、专业的心理教育方法和手段，培养他们的良好心理素质，促进他们身心全面和谐发展和素质全面提高的教育活动。青少年心理健康教育就开展形式或层次而言，主要包括心理辅导、心理咨询和心理治疗，是面向全体青少年而又特别关注特殊人群的发展性教育。面对全体青少年学生，心理健康教育主要是促进他们的心理素质不断提升，发展他们认识自我、调控情绪、承受挫折和适应社会的能力，培养他们的健全人格和良好心理品质，帮助他们开发和挖掘心理潜能。面对部分患有心理疾病的青少年学生，心理健康教育主要是对他们进行心理咨询和心理治疗。青少年心理健康教育实质上是对青少年的心理和精神生活给予人文关怀的教育活动，不能走医学化和学科化的道路。

---

① 柳斌：《学生心理健康教育全书》，长城出版社 2000 年版，第 8 页。
② 桑志芹、魏杰、伏干：《新时期下大学生心理健康标准的研究》，《江苏高教》2015年第 5 期，第 27—30 页。

第三节　研究综述

一　国外研究

经济全球化、恐怖主义和战争等诸多因素，影响着世界各地青少年的心理健康状况。美国在 2010 年开展的一项全国性调查①显示，青少年人群的心理问题流行率大约在 20%，与哮喘等常见疾病的流行率等同。有心理问题的青少年更容易被伤害、酗酒、物质滥用、罹患慢性疾病以及很难在学业上有所成就，并导致他们更难融入社会，在成年后有较高的自杀率②。对于那些延续终身的心理问题，有研究显示大约有一半的问题在 14 岁发病③。即使在美国，据估算大约有50%—70%有心理健康需求的青少年得不到专业的帮助④。青少年的心理问题与许多因素有关。2007 年，美国一项全国性研究调查了8 万名儿童青少年的健康状况⑤，研究发现父母的心理健康状况与儿童青少年的心理健康状况具有相关性，当父母的心理健康状况恶化时，儿童青少年的心理问题患病率就会上升。2013 年，一项研究调查了

---

① Merikangas KR. , He, P, Burstein M, et al. Lifetime prevalence of mental disorders in U. S. adolescents: Results from the national comorbidity survey replication—Adolescent supplement (NCS-A) [J] . Journal of the American Academy of Child and Adolescent Psychiatry, 2010, No. 49 (10), pp. 980 - 989.

② Patel V, Flisher J, Hetrick S, et al. Mental health of young people: A global public-health challenge [J] . Lancet, 2007, No. 369 (9569), pp. 1302 - 1313.

③ Kessler, RC, Berglund P, Demler O, et al. Lifetime prevalence and age-of-onset distributions of DSM-IV disorders in the national comorbidity survey replication [J] . Archives of General Psychiatry, 2005, No. 62 (6) . pp. 593 - 602.

④ Merikangas KR, He JP, Burstein M, et al. Service utilization for lifetime mental disorders in U. S. adolescents: Results of the national comorbidity survey-adolescent supplement (NCS-A) [J] . Journal of the American Academy of Child & Adolescent Psychiatry, 2011, No. 50 (1), pp. 32 - 45.

⑤ Amanda C, Katherine C, Kristin M. The Association of Child Mental Health Conditions and Parent Mental Health Status Among U. S. Children, 2007 [J] . Matern Child Health J, 2012, No. 16, pp. 1266 - 1275.

2043 名五至七年级青少年的家庭和心理健康状况①，发现家庭的社会经济状况也能影响青少年的心理健康。家庭较低的社会经济状况，通过影响父母的情绪状况和养育能力来影响青少年的心理健康。在马萨诸塞州，一项关于体重和心理健康的研究显示②，体重超重的青少年（尤其是女孩）更容易出现负面情绪。

在亚洲，2012 年有研究机构开展了一项针对中日韩三国共计1399 名初三中学生心理健康状况的跨国研究③，调查涵盖了躯体症状、进食障碍、抑郁、人际关系、无能感、冲动性、自我弹性、家庭关系、友谊、当前健康状况和心理咨询等内容，研究发现日本学生比中韩两国学生有更多的人际交往困难和无能感。韩国学生更容易出现躯体症状和冲动性。中国学生比日韩两国学生有更多的抑郁。研究还发现女学生的心理健康状况要低于男学生的水平。学生通常向老师寻求学习相关问题的建议，向朋友寻求家庭或同伴问题的建议。许多有困扰的学生并没有获得任何心理咨询服务。

二 国内研究

辛自强④等采用"横段历史研究"方法，选取了 1992—2005 年107 篇采用 90 项症状自评量表（SCL_ 90）的研究报告，分析了11.2 万名中学生的量表因子得分随年代变化的情况。研究发现了在这 14 年期间，中学生的心理问题缓慢增加，心理健康水平在缓慢下降。中学生的 SCL_ 90 得分与社会威胁、教育和经济状况显著相关，

---

① Boe T, Sivertsen B, Heiervang E, et al. Socioeconomic Status and Child Mental Health: The Role of Parental Emotional Well-Being and Parenting Practices [J]. J Abnorm Child Psychol, 2014, 42: 705 – 715.

② Lu E, Dayalu R, Diop H, et al. Weight and Mental Health Status in Massachusetts, National Survey of Children's Health, 2007 [J]. Matern Child Health J, 2012, No. 16, pp. 278 – 286.

③ Houri D, Nam EW, Choe EH, et al. The mental health of adolescent school children: a comparison among Japan, Korea, and China [J]. Global Health Promotion, 2012, No. 19 (3), pp. 32 – 41.

④ 辛自强、张梅：《1992 年以来中学生心理健康的变迁：一项横断历史研究》，《心理学报》2009 年第 1 期，第 69—78 页。

意味着社会变迁是预测中学生心理健康水平的重要因素。这一研究结论也得到了其他类似研究的印证。骆伯巍[①]针对浙江杭州和绍兴市的中小学生，分别于 1984 年和 1997 年开展心理健康状况问卷调查。研究发现当地青少年学生心理障碍的总体检出率从 1984 年的 16.53% 上升到 1997 年的 25.20%，1997 年组的学生家长采用"以压力为主"、溺爱、支配、"经常打骂"等不良教育方法的比例要显著高于 1984 年组，表明随着时代变迁家长的不良教育方法有增加的趋势。涂敏霞[②]在 2006 年对广州市 755 名中学生心理健康状况展开问卷调查，研究发现有近 1/3 的青少年感到有较多的精神压力，1/10 的青少年觉得人生完全没有希望。在与 1995 年的数据进行对比后发现，10 年间"自杀或企图自杀"的比例从 3.7% 上升到 7.7%，"离家出走"的比例从 4.0% 上升到 7.8%。林琳[③]比较了 2008 年与 2013 年针对广州市大中学生心理健康状况调查数据，发现中学生的自杀情况比大学生严重，初中生自杀意念的报告率从 8.2% 上升到 10.1%，自杀行为报告率从 1.8% 上升到 2.6%。

近年来，在全国各地开展了大量针对青少年心理健康状况的调查研究。在广州，岳颂华[④]在 2006 年使用主观幸福感量表、心理健康诊断测验（MHT）、青少年压力应对方式量表，针对 1431 名中学生展开了问卷调查。研究发现当地青少年的生活满意度处于中等偏上水平，总体幸福感处于中等水平。心理健康状况总体处于中等，学习焦虑和过敏倾向较高。当地青少年的应对方式最常使用的是保持平静和认知重建。比较不同年级的差异发现，初中生的生活满意度、主观幸福感高于高中生。初一学生的学习焦虑和对人焦虑高于高一学生，初三学

---

① 骆伯巍、高亚兵：《当代中学生心理健康现状的研究》，《教育理论与实践》1999 年第 2 期，第 41—46 页。

② 涂敏霞：《广州青少年心理健康状况调查》，《当代青年研究》2006 年第 10 期，第 83—88 页。

③ 林琳、刘伟佳、刘伟等：《广州市 2008 年与 2013 年大中学生心理健康状况比较》，《中国学校卫生》2015 年第 8 期，第 1199—1204 页。

④ 岳颂华、张卫、黄红清等：《青少年主观幸福感、心理健康及其与应对方式的关系》，《心理发展与教育》2006 年第 3 期，第 93—98 页。

生的冲动倾向高于高一学生。在西安，叶苑[1]等使用90项症状自评量表（SCL_90）和家庭功能评价量表中文版，对当地928名初一、初二和高一、高二的中学生开展心理健康状况调查。研究发现当地中学生的SCL_90的9个因子的平均分都低于3分，当地中学生的心理健康状况总体良好。研究还发现初一的学生更愿意与家长沟通，沟通能力高于高一、高二学生。但初一学生感受到的父母控制也高于高一、高二学生。在成都，张志群[2]等使用自编问卷和Beck抑郁问卷（BDI）调查了1421名当地中学生。研究发现当地中学生的常见抑郁症状主要表现为：疲劳、内疚、抑郁情绪、不满意等。女生的得分高于男生。毕业班、父母离婚、再婚、家庭关系不和睦、不是由父母亲自抚养及家庭成员自杀、暴力行为者等人群更抑郁。

在青少年心理健康状况城乡差异的研究方面，王予东[3]等使用SCL_90量表和自编问卷调查了1868名河南省部分区县高中生的心理健康状况。研究发现当地高中生的主要心理问题为焦虑、强迫、抑郁、躯体化、偏执等，除人际因子外，其他8项因子得分高于全国青年组常模和城市高中生常模，表明当地区县高中生的心理健康水平低于城市高中生和全国青年水平。叶苑[4]使用心理健康诊断测验（MHT）在贵州省调查了728名农村中学生和847名城市中学生。研究发现当地农村中学生心理健康水平低于城市中学生。女生的心理健康水平低于男生。

三 江苏省青少年心理健康状况的前期研究

我省历来重视青少年的心理健康，许多城市都开展了青少年心理

① 叶苑、邹泓、李彩娜等：《青少年家庭功能的发展特点及其与心理健康的关系》，《中国心理卫生杂志》2006年第6期，第385—387页。

② 张志群、郭兰婷：《成都市区中学生抑郁症状及其相关因素研究》，《中国公共卫生》2004年第3期，第336—337页。

③ 王予东、贺红梅、王增珍：《河南省区县高中生心理及行为问题调查分析》，《郑州大学学报》（医学版）2007年第1期，第162—164页。

④ 叶苑：《贵州省农村、城市中学生心理健康状况的比较研究》，《贵州师范大学学报》（自然科学版）2001年第1期，第89—96页。

健康状况的相关研究。

马向真①使用儿童自我意识量表、自尊量表和社会支持量表，调查了南京市、南通市和宿迁市 5 所小学共计 220 名流动儿童和 229 名本地儿童。研究发现在流动儿童中，女性儿童易表现出更符合家庭、学校的期望，他们对自己的人际关系评价也较高，女生的社会支持得分也显著高于男生。流动儿童的自我意识随着年级增加而逐渐清晰。流动儿童的自尊水平低于本地儿童。

在南京，唐万琴②等使用中学生心理健康量表调查了江宁区 809 名初一、初二学生。研究发现存在轻度问题的学生比例为 29.3%，中等程度问题的比例为 2.7%，较重及严重问题的比例为 0.5%。男生和女生的总体心理健康水平没有明显差异，但男生的学习压力和情绪不稳定因子高于女生。独生子女和非独生子女的心理健康水平没有明显差异。班干部的心理健康水平高于普通学生。单亲家庭的学生心理健康水平低于普通家庭学生。

在苏州，徐勇③等使用 SCL_ 90 量表调查了苏州地区六县一市共 19 所中学 5117 名中学生的心理健康状况。研究发现有明显心理问题的学生比例为 14.3%。心理健康的各因子中，该地区中学生的心理问题主要为强迫症状和人际关系敏感。性别差异上，女生比男生更容易产生心理问题。城乡差异上，农村中学生和城市中学生总体心理健康水平没有明显差异，但农村中学生的人际关系敏感、恐怖、精神病性因子的得分高于城市中学生。重点高中和非重点高中的学生总体心理健康水平没有明显差异，但重点高中的学生在躯体化、强迫症状、焦虑、敌对等因子上得分高于非重点高中。初中和职业高中的学生心理健康水平高于普通高中。学习成绩越差的学生，总体心理健康水平

---

① 马向真：《流动儿童自尊、自我意识与社会支持的关系研究》，《南京师大学报》（社会科学版）2014 年第 5 期，第 103—110 页。

② 唐万琴、丛晓娜、徐波等：《南京市江宁区低年级中学生心理健康状况调查分析》，《医学研究与教育》2010 年第 1 期，第 50—53 页。

③ 徐勇、杨普静、郑洋：《苏州中学生心理健康状况及健康教育对策研究》，《中国健康教育》2001 年第 10 期，第 593—596 页。

越低。但部分尖子生的心理健康水平低于中上等成绩的学生。

在张家港，顾建华①等使用 SCL_ 90 量表调查了当地 5091 名初中、高中和职业中学的学生。研究发现当地中学生的心理问题检出率为 14.28%。性别差异上，女生在躯体化、人际关系敏感、抑郁、焦虑、恐怖等症状上高于男生，男生比女生更易出现偏执和敌对情绪。农村学生的人际关系敏感，恐怖、精神病性症状高于城市学生。与国内青年组常模相比，当地中学生的人际敏感因子低于常模，其他因子除抑郁因子外均高于常模。

在无锡，张枫②等使用自编家庭一般情况表和中学生心理健康量表调查了 1215 名中学生。研究发现当地中学生的心理健康异常检出率 22.14%。影响中学生心理健康的社会家庭因素包括住房面积、父母文化水平、经济收入、父母关系、教育不一致、不适当的养育方式。重点中学与普通中学心理障碍检出率无明显差异，学习压力，强迫症状、适应不良、情绪不平衡是最多见的心理问题。

在南通，庄勋③等采用匿名自填问卷方法调查了当地两所高中的 3798 名学生的自杀行为。研究发现当地高中生的自杀意念报告率为 17.4%，自杀计划的报告率为 5.1%，自杀未遂的报告率为 3.0%，自杀行为报告率为 25.5%。男生中考虑过自杀的比例为 21.1%，女生为 29.7%。有自杀意念的女生比例显著高于男生。父母受教育程度越低，学生自杀行为报告率越高。寄宿生自杀行为报告率高于走读生。无双亲家庭、单亲家庭的学生自杀行为报告率分别为 33.3% 和 30.7%，明显高于双亲家庭的学生（23.3%）。庄勋④等还使用 Beck 抑郁自评问卷调查了当地 3798 名高中生。研究发现当地高中生的抑

① 顾建华、陆惠琴：《张家港市中学生心理健康状况调查》，《职业与健康》2005 年第 1 期，第 52— 53 页。
② 张枫、刘毅梅、王洁等：《无锡市中学生心理健康状况调查分析》，《中国健康心理学杂志》2006 年第 4 期，第 382—384 页。
③ 庄勋、朱湘竹、周逸萍等：《南通市高中生自杀行为的流行病学特征》，《中国学校卫生》2007 年第 5 期，第 412—414 页。
④ 庄勋、周逸萍、荀鹏程等：《南通市高中生抑郁情绪及其影响因素分析》，《中国学校卫生》2007 年第 1 期，第 30—32 页。

郁检出率为 25.5% ，不与父母共同生活的青少年抑郁情绪的检出率为 30.9% 。单亲家庭的青少年抑郁的检出率为 27.2% ，均高于总体水平。重点中学的抑郁检出率为 26.9% ，高于普通中学。随着年级升高，抑郁的阳性率也逐步提高。

在沛县，沈景亭①等使用自拟量表和心理健康诊断测验（MHT）调查了 1492 名四至六年级小学生。研究发现当地留守儿童在学习焦虑、对人焦虑、孤独倾向、过敏倾向、冲动倾向和总焦虑倾向得分均显著高于非留守儿童，除冲动倾向因子外，女性留守儿童的各因子得分高于男性留守儿童。父母婚姻异常留守儿童的心理健康各因子得分均高于稳定组。父（母）职业为工人的留守儿童各因子得分相对其他组高。

---

① 沈景亭、贺峰、杨金友等：《沛县农村留守儿童心理健康状况及影响因素分析》，《中国校医》2016 年第 10 期，第 721—724 页。

第二章　调查设计

第一节　调查目标

随着经济、社会及文化的发展，教育事业的进步，特别是在提倡素质教育的今天，青少年心理问题引起社会各界的普遍关注。青少年是一个社会的希望，其心理健康水平将直接关系到江苏省未来的经济与社会发展的大局；同时，青少年的心理健康水平将关乎每个家庭，近几年来，教育系统中出现的学生心理问题已经引起各级各类学校的重视。在中小学中，因为学业问题、交往问题、亲子冲突问题、学校适应问题、心理行为障碍倾向等导致的学生心理卫生问题层出不穷。但就总体而言，我们并不清楚目前全省青少年心理健康状况是怎么样的，什么因素对青少年心理健康水平带来影响等。

另外，在苏南、苏北经济差异较大的现实情况下，不同地区的青少年心理健康是否存在差异？青少年对心理健康教育的需求程度，对心理健康的知晓程度，吸烟、酗酒、怀孕等危险行为的现状是怎么样的？这些影响我省不同区域青少年心理健康的相关因素我们都不甚清楚。了解全省青少年的心理健康实际情况，将有助于我们对青少年的发展提出更有实际意义的教育措施，有助于中小学心理健康教育工作有效开展，更有助于促进和谐家庭、和谐江苏、和谐社会的建设。

本课题受江苏省文明办委托，在青少年心理健康状况呈下降趋势的背景下做的针对江苏省青少年心理健康状况的社会调查。

第一，通过调查分析得出江苏省青少年心理健康状况的总体水平和在九个内容量表上的差异。

第二，探讨生理、心理、社会层面与心理健康水平的关系。

第三，对青少年的家庭环境、自杀、性心理做了探索性调查与分析。

第四，通过访谈了解青少年压力来源、排解压力的渠道、社会心理等问题。通过对研究结果的分析，可以较为客观地了解江苏省青少年的心理健康状况，并对改善江苏省心理健康水平提供帮助。

指导家庭积极关注青少年心理健康方面的成长，通过参加家长课堂、家长学校、家长心理健康教育等措施，提高江苏省青少年的心理健康水平。

指导各级各类学校积极开展青少年心理健康方面的活动，通过实施各种学校心理健康教育、健康促进等措施，提高江苏省青少年的心理健康水平。

通过该研究成果，能够为江苏省青少年心理健康监控预警工作做出指引，并借此进一步促进和推动全社会对青少年心理健康的教育工作。

第二节　调查内容

根据调查目的，此次调查共包括以下四部分内容：

第一部分是个人特点信息。问卷信息涉及人口统计学，流行病学信息，其中个人信息包括性别、年龄、家庭经济水平、父母职业、父母文化程度、父母婚姻状况、学校有关情况、学习成绩等多个项目，来探讨其对青少年心理健康的影响。

第二部分是心理健康相关行为研究，包括青少年生理、心理、社会状况。了解青少年心理健康水平与其相关情况。

第三部分是心理健康相关取向研究，包括症状取向、素质取向、发展取向。主要了解江苏省青少年心理健康状况的总体水平，其中症状取向包括 SCL_ 90、MHT 心理健康、小学生心理健康诊断 MHRSP；素质取向：应对、EPQ 人格诊断；发展取向：生活事件状况 ASLEC。

第四部分是访谈质性研究。主要通过编制结构式访谈提纲，访谈结构内容主要包括家庭因素、自杀、睡眠、性、压力源等方面，了解青少年的心理健康现状，寻找影响因素。

第三节　调查方法

一　调查工具

（一）SCL_ 90 症状自评量表

该量表是国际公认的权威量表而且此量表是目前国内效度最高、普遍采用的心理健康测量工具。该量表共有 90 个项目，包括 9 个症状因子：躯体化、强迫、人际敏感、抑郁、焦虑、敌对、恐怖、偏执、精神病性。每个项目根据其有无及严重程度依次记为 1、2、3、4、5 分，分别表示无、轻、中、重、极重。此标准是由统计学原理和全国常模决定，总分超过 160 分或阳性项目数超过 43 项，或任一因子分超过 2 分，需考虑筛选阳性，需进一步检查。

我国学者胡胜利 2004 年的最新研究中，验证 SCL_ 90 的内部一致性系数为 0.97，分半信度为 0.94，各因子分与总分的相关在 0.77—0.92 之间。[①]

（二）MHT 心理健康诊断测验

心理健康诊断测验（Mental Health Test，MHT），适用于小学四年级至高中三年级学生，由日本铃木清等人编制，华东师范大学心理学教授周步成主修。

1. 测验的构成

MHT 通过项目分析，按焦虑情绪所指向的对象和由焦虑情绪而产生的行为两方面进行测定。全量表由 8 个内容量表和 1 个测谎量表构成，把这 8 个内容量表的结果综合起来，就可以知道学生的一般焦虑程度。8 个内容量表分别为：学习焦虑、对人焦虑、孤独倾向、自责倾向、过敏倾向、身体症状、恐怖倾向、冲动倾向。

---

① 胡胜利：《中学生 SCL_ 90 的验证性因素分析及其常模的比较》，《心理与行为研究》2004 年第 2 期，第 461—464 页。

2. 测验的信度和效度

MHT 全量表的分半信度系数 $r = 0.91$（$P < 0.01$），说明该量表各测题之间具有较高的一致性；重测信度系数在 0.667—0.863（$P < 0.01$）之间，说明该量表具有较高的稳定性。

效度方面，MHT 与 MMPI（明尼苏达多项人格测验）中心理健康问题的相关系数为 0.663；教师和班级同学对被测试者的评价和 MHT 测试结果相当一致，说明其具有较高的外部效度；此外各内容量表分同全量表总分的相关系数达到 0.70 以上，说明结构效度较好。

3. 测验结果解释

心理健康诊断测验的结果是以 8 个内容量表的标准分和全量表总的焦虑倾向的标准分来解释的。

（1）整个测验的解释

将受试者 8 个内容量表的标准分加起来就是全量表总焦虑倾向的标准分。这是得分从整体上表示焦虑程度强不强和焦虑范围广不广。总焦虑倾向标准分在 65 以上（包括 65）者，需要制订特别的个人指导计划。这种人在日常生活中有不适应行为，其目的是为了消除焦虑。

（2）内容量表的解释

全量表由 8 个内容量表构成。每个内容量表的原始分根据常模表换算为标准分，凡标准分在 8 以上者，就说明存在相应的心理问题，必须制订相应的指导计划。

（三）MHRSP 小学生心理健康评定量表

该量表是由我国心理学工作者同部分小学教师一起共同研究开发出来的，包括学习障碍、情绪障碍、性格缺陷、社会适应障碍、品德缺陷、不良习惯、行为障碍和特种障碍等 8 个子量表组成，每个子量表各有 10 个条目，共计 80 个条目。各条目均采用 Likert 3 分法（0 = 没有，1 = 偶尔，2 = 经常）累加记分，各子量表得分在 0—20 分之间，各子量表得分越高，说明存在的心理健康问题越多、越严重。该量表具有良好的信效度，对筛选、诊断小学生的心理健康问题有一定的成效。

（四）EPQ 人格问卷

艾森克人格问卷（ Eysenck Personality Questionnaire，EPQ）由英国心理学家 H. J. 艾森克编制的一种自陈量表，分为成人问卷和儿童问卷两种格式，均为 88 道题，分别适用于 16 岁以上成人和 7—15 岁儿童。包括四个分量表：内外倾向量表（E）、神经质（N，情绪性量表）、精神质（P，又称倔强、讲求实际）和效度量表（L），人们在这三方面的不同倾向和不同表现程度，便构成了不同的人格特征。艾森克人格问卷是目前医学、司法、教育和心理咨询等领域应用最为广泛的问卷之一。

（五）青少年自评生活事件量表（ASLEC）

青少年自评生活事件量表（ASLEC）是由山东省精神卫生中心的刘贤臣等人在综合国内外相关研究的基础上，结合青少年所扮演的家庭社会角色和生理心理特点于 1987 年编制而成的。该量表是一份适用于对青少年尤其是在校大学生和中学生群体进行生活事件发生频度及应激强度评定的自陈式量表。它由 27 个可能引起青少年心理应激的负性生活事件构成，要求被试按照某一事件在规定时间内（最近 3 个月至 12 个月）发生与否，以及事件发生时对个体心理的影响程度从"无影响"到"极重度"进行五级评分，如果某事件未发生则按照"无影响"进行统计。通过对 1473 名 13—20 岁青少年学生的测试，结果表明该量表具备良好的效、信度。效度方面，探索性因子分析的结果表明，该量表可以分解成人际关系因子、学习压力因子、受惩罚因子、丧失因子、健康适应因子及其他因子等 6 个因子，6 个因子共解释了全部变异量的 44%。此外，效标关联效度的分析结果表明本量表具有较好的效标效度。信度方面，量表的内部一致性系数为 0.85，分半信度系数为 0.88，一周后的重测相关系数为 0.69。

由于该量表包含了青少年时期常见的负性生活事件，同时考虑了个体应对方式的差异，简单易行，因而被广泛运用于心理卫生咨询，心理卫生研究和精神科临床的研究。此外，该量表还对研究青少年心理应激程度、特点及其与心身健康和心身发育的关系具有极其重要的应用价值。

（六）家庭环境量表（FES）

家庭环境量表（Family Environment Scale）是由美国心理学R. Moss 和 B. Moss 于1981年编制，邹定辉教授和费立朋教授于1991年翻译并修订了三次。该量表共分为10个维度，共90道题目。该量表采用两点记分的方式，如果陈述的问题达到基本符合的程度就选"是"，为1分；如果陈述的问题达到基本不符合的程度就选"否"，为2分。

十个维度分别是：亲密度维度，主要测试家庭内部成员间相互辅助依偎的情况；情感表达维度，主要测试家庭内部成员间互相吐露情绪情感的情况；矛盾性维度，主要测试家庭内部成员间对立、攻击的情况；独立性维度，主要测试家庭内部自主自立的情况；成功性维度，主要测试家庭内部学习和工作的状态；知识性维度，主要测试整个家庭参与政治活动、智力活动的情况；娱乐性维度，主要衡量整个家庭对文体娱乐活动的兴趣和参加情况；道德宗教观维度，主要测试家庭内部的价值观、伦理观、宗教观；组织性维度，主要考察家庭活动的组织策划情况；控制性维度，主要测试家庭活动的灵活性程度。

由于情感表达、独立性、成功性、道德宗教观四个分量表的内部一致性比较差，说明这些概念不太适合中国国情，故使用时将其删除，仅保留亲密度、矛盾性、知识性、娱乐性、组织性、控制性六个内部一致性系数较高的分量表。

（七）应对方式问卷

应付作为应激与健康的中介机制，对身心健康的保护起着重要的作用。有研究发现，个体在高应激状态下，如果缺乏社会支持和良好的应付方式，则心理损害的危险度可达43.3%，为普通人群危险度的两倍。肖计划等人1996年在前人研究基础上，参考国外有关应付的理论研究，编制了"应付方式问卷"，用于评估个体的应付方式特点。该问卷包括62题，分为6个因子，包括解决问题、自责、求助、幻想、退避、合理化，每个项目有两个答案"是""否"，各因子上得分越高，表示个体在实际应对时越倾向于采用该应付方式。

二 调查对象

江苏省按地域划分应该分为苏南、苏中、苏北，其中长江以南为苏南，包括镇江、苏州、无锡、常州，以及南京江南区域；长江淮河之间为苏中，包括扬州、泰州、南通全部，淮安、盐城境内淮河以南地区；淮河以北为苏北，包括徐州、连云港、宿迁全部，淮安、盐城境内淮河以北地区。

世界卫生组织将"青少年"的年龄范围界定为 10—19 岁，根据取样标准，在江苏省的苏北、苏中、苏南地区，分别选择城市学校、农村学校、郊区学校、民办学校、职业学校等不同类型，学校中的班级涉及小学四、五、六年级，初一、初二、初三、高一、高二、高三年级。

本研究拟在苏南、苏北、苏中三地各选择 2—3 个县（市、区）作为样本地区，在每个县（市、区）随机选择 3—5 所学校作为样本学校。研究初步拟定选择 76 所学校，接受访谈者 164 人，10—19 岁在线有效测试对象 9656 人，其中小学 2964 人，小学四年级 1456 人，小学五年级 1121 人，小学六年级 387 人；中学和职校 6692 人，初一 2201 人，初二 947 人，初三 806 人，高一 1493 人，高二 855 人，职校 388 人。

三 调查过程

本课题主要对江苏苏南、苏中和苏北地区进行调研，特别考察农村城郊接合带的青少年。研究过程分为两个阶段，第一阶段（2016.1—2016.6）任务是制订课题研究计划、进行研究分工、设计调研问卷表、进行理论模型建构，包括国内外研究现状分析；第二阶段（2016.7—2016.12）组织子课题的调查研究工作，主要数据录入和分析，形成有关研究报告。

第三章　调查结果

第一节　样本分析

一　江苏省中小学身高、体重状况

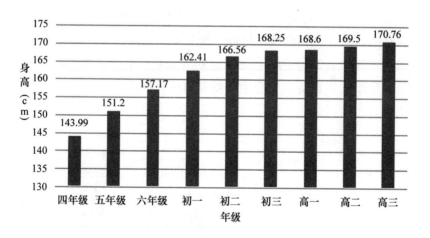

图1　江苏省中小学各年级身高分布

对此次调查的身高以及体重状况进行统计，结果显示，从小学四年级到高三，学生的身高随着年级的升高而逐步增长，从平均143.99cm增长到170.76cm。具体来说，小学四年级到初二学生的身高增长达平均每年5.64cm；初二之后增长幅度趋于缓慢，平均每年只增加1.05cm。可见学生身高最佳发育时间在初二之前。

对小学四年级到高三的学生体重进行分析可知，总的来说，学生

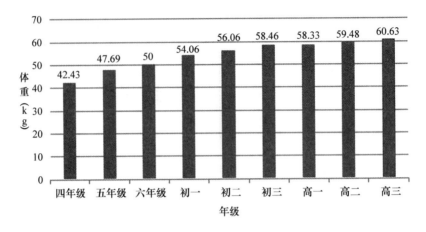

图2　江苏省中小学各年级体重分布

的体重随着年级的升高也呈逐步增长的趋势,小学四年级平均42.43kg,到高三平均达60.63kg,增长幅度先快后慢,初三之前,体重以平均每年3.21kg的速度增长;初三之后,增长速度大幅度下降,每年平均增长0.84kg。符合生长发育的一般规律。

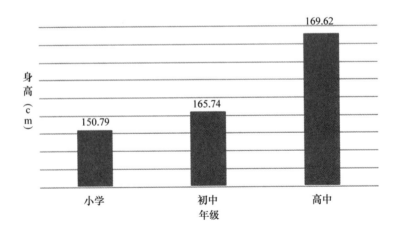

图3　江苏省中小学各年龄段身高分布

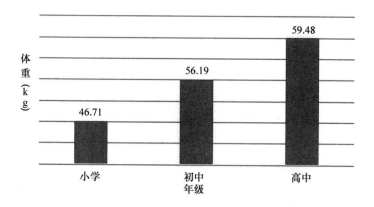

图4 江苏省中小学各年龄段体重分布

按年级对学生的身高和体重进行分析可知，小学生（四到六年级）平均身高为150.79cm，体重46.71kg；初中生平均身高为165.74cm，体重56.19kg；高中生平均身高为169.62cm，体重59.48kg。小学到初中阶段学生的身高和体重均有大幅度的提升，而高中阶段学生的身高和体重的增长趋势趋于平缓。

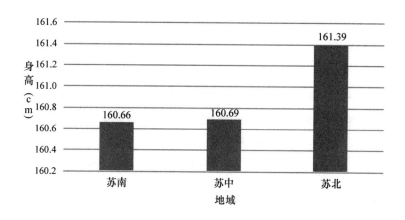

图5 江苏省不同地域中小学身高分布

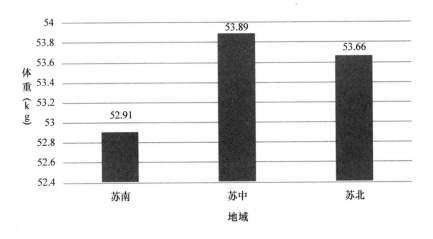

图6　江苏省不同地域中小学体重分布

　　按地域对学生的身高和体重进行分析可知，苏北地区的学生平均身高为 161.39cm，高于苏中地区的 160.69cm 以及苏南地区的 160.66cm。而体重方面，苏中地区的学生平均体重为 53.89kg，高于苏北地区学生的 53.66kg。苏南地区的体重最轻，平均体重为 52.91kg。

二　江苏省青少年兄弟姐妹状况

　　中小学生家中兄弟姐妹的情况如图，独生子女有 5352 人，占总人数的 56.49%；家中共 2 兄弟姐妹的有 2927 人，占总人数的 30.89%；有兄弟姐妹共 3 人的有 723 人，占总人数的 7.63%。兄弟姐妹超过 4 人的，共 473 人，占总人数的 4.99%。家中兄弟姐妹越多的人数越少，以独生子女为主。

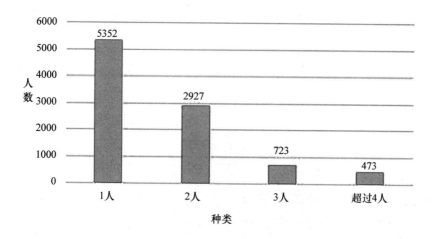

图 7 江苏省青少年兄弟姐妹情况

三 江苏省青少年家庭居住状况

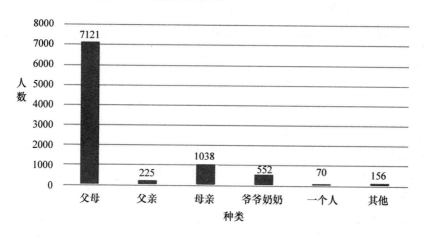

图 8 江苏省青少年家庭居住状况

此次调查中和父母一起居住的学生有 7121 人，占总人数的 77.72%，为主要家庭构成形式；无法和双亲共同生活的学生有 2041 人，其中单独和父亲一起住的有 225 人，和母亲一起住的有 1038 人，被交给爷爷奶奶照料的学生有 552 人，还有 70 人是独自一个人居住。

此外，还有156人是和其他人一起居住。

四　江苏省青少年父亲文化程度

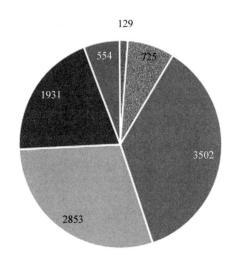

图9　江苏省青少年父亲文化程度

对被调查学生的父亲文化进行统计得知，父亲文化程度人数最多的分别为初中3502人、高中2853人以及大学1931人，各占总人数的36.13%、29.43%以及19.92%。而小学文化和文盲的居于少数，只占总人数的8.81%。总的看来，父亲的文化水平几乎都在中学及以上。

五　江苏省青少年母亲文化程度

对被调查学生的母亲文化进行统计发现，母亲的文化程度构成情况与父亲的相似，文化程度为初中、高中、大学的占了前三位，分别为3320人、2610人和1597人，各占总人数的34.25%、26.92%以

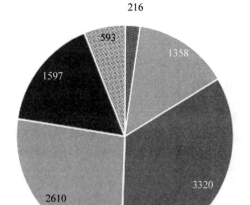

图10 江苏省青少年母亲文化程度

及16.47%。与父亲文化不同的是有14.01%的母亲具有小学文化，共计1358人，占了相当一部分比例。总体而言，父母双方受教育水平以中学及以上文化为主，父亲的受教育水平要略高于母亲。

第二节 江苏省青少年心理健康相关行为调查

1. 你觉得与同学关系如何

1-1 不同地域学生的同学关系

从图中可以看出，苏南、苏北地区的学生普遍认为自己的同学关系较好。苏南地区71.3%的学生认为自己的同学关系好，比苏北地区高7.8%；26.7%的苏南地区学生认为自己的同学关系一般，比苏北地区低7.6%；认为与同学关系差的情况两地基本持平。总体而言，较之苏北地区的学生，苏南地区的学生与同学关系更好。这有可能与苏南地区经济更发达、文化素质水平更高有关。

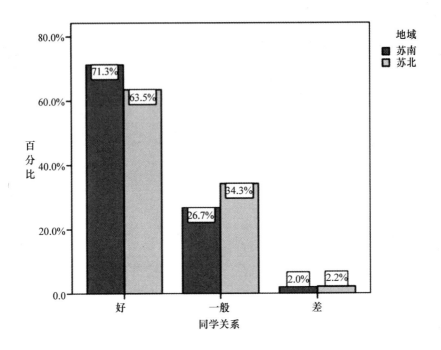

图 11   不同地域学生的同学关系

1 – 2 同学关系的性别差异

从图中可以看出，有 67.8% 的男生和 65.6% 的女生认为自己同学关系较好，男生比女生高出 2.2%；而认为自己与同学关系一般的男生有 29.5%，比女生低 3.4%；认为与同学关系差的男生与女生人数基本持平。总体而言，男女生评价同学关系的情况较为接近，男生的评价相较于女生略显两极化。这可能和男女生性格差异有关，男生更简单直接、爱憎分明，容易相处也容易发生冲突；女生关系则更复杂也更会被小心地维系，处得很好不容易，但同时也不容易发生冲突。

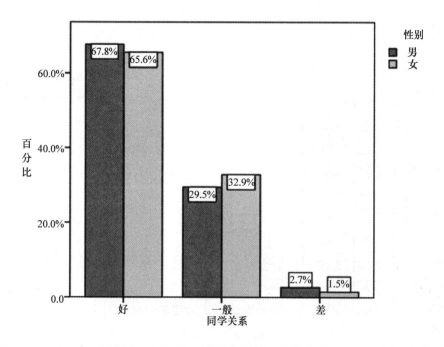

图 12　同学关系的性别差异

1 – 3 不同年级的同学关系

图中所示，总体而言，各年级阶段的学生大多有较好的人际关系，尤其是小学，72.1%的学生认为自己同学关系好，其次是初中，67.6%的学生觉得自己有个较好的同学关系，高中最低，只有59.3%的高中生认为自己的同学关系好。相应地，认为同学关系一般的人数从少到多依次排序为小学、初中和高中。由此可见，不同年级的学生对同学关系的评价随年级升高而变差。可以想象，随着年级升高、思维的发展和成熟，人际关系越来越复杂，人际间关系维系和体验度都受到了一定程度的影响。除此之外，学习压力的增加，在某种程度上也为维系关系增加了难度。

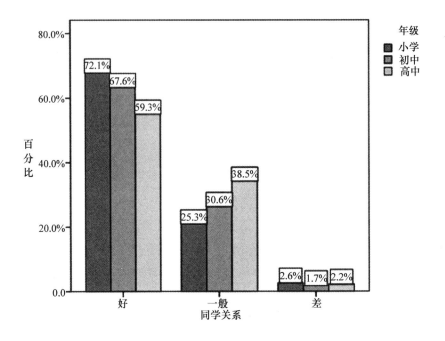

图 13　不同年级的同学关系

1-4 不同户籍学生的同学关系

图中所示，农村、小城镇和城市的学生大多有较好的人际关系。不同户籍的学生对同学关系的评价有所不同，城市户口的学生对同学关系评价最好，认为与同学关系好的占 73.0%；而农村学生最差，认为与同学关系好的占 60.4%；小城镇学生介于两者之间。相应地，认为同学关系一般的人数从少到多依次排序为城市学生、小城镇学生以及农村学生。认为与同学关系差的三者人数基本持平。这可能是因为当处于经济发达、文化素质较高的地区，所受教育以及环境影响能让学生有个良好的沟通方式或者沟通理念，帮助学生能够更好地处理人际关系的缘故。

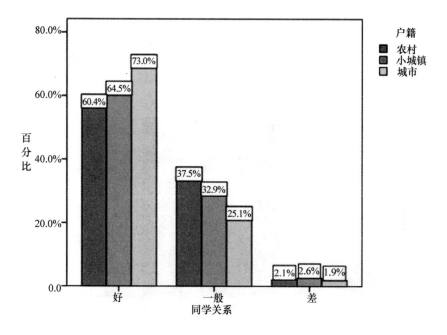

图 14 不同户籍同学关系的差异

综合上述图表，大部分学生认为与同学关系较好，部分学生认为与同学关系一般，只有极少数不超过 3% 的学生与同学的关系较差。同学关系受到地域、年级以及户籍影响，苏南地区的学生比苏北地区与同学的关系更好；年级越高同学关系越一般；城市户口的学生比小城镇的学生同学关系好，小城镇又比农村的学生同学关系好。同学关系受性别影响不大。

2. 你是否有想与异性同学交往的愿望

2-1 不同地域学生的交往愿望

从图中可以看出，苏南、苏北地区的学生对与异性同学交往的愿望多为一般或无。苏南地区的学生与异性同学交往的愿望一般的占 47.7%，比苏北地区学生低 4.3%，无交往愿望的占 41.7%，比苏北地区高 3.8%，有强烈交往愿望的与苏北地区基本持平，分别为 10.6% 和 10.1%。总体而言，苏北地区的学生对与异性同学交往的愿望比苏南地区略强。

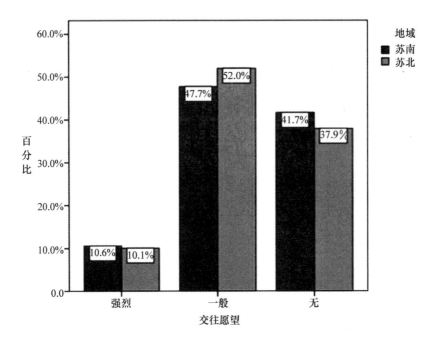

图15　不同地域学生的交往愿望

2-2 不同性别学生的交往愿望

从图中可以看出，总的来说，男女生对与异性同学交往的愿望多为一般或无。其中，男生与异性同学交往愿望强烈的占 16.2%，比女生高 12%，交往愿望一般的占 51.5%，比女生高 2.6%。女生无交往愿望和交往愿望一般的基本持平，各占 46.9% 和 48.9%。相比而言，男生对与异性同学交往的愿望比女生强烈。

2-3 不同年级学生的交往愿望

从图中可以看出，不同年级学生对与异性同学交往的愿望多为一般或无。不同年级的学生与异性交往愿望随年级升高而变强烈。高中阶段对与异性同学交往的愿望最强，交往愿望强烈的占 14.6%，交往愿望一般的占 62.0%；小学阶段与异性同学交往的愿望最不强烈，52.5% 的小学生对异性同学无交往愿望。符合一般青少年身心发展规律。

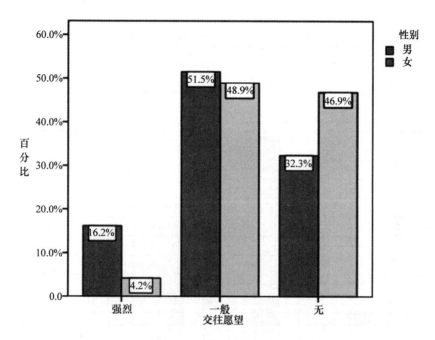

图 16　不同性别学生的交往愿望

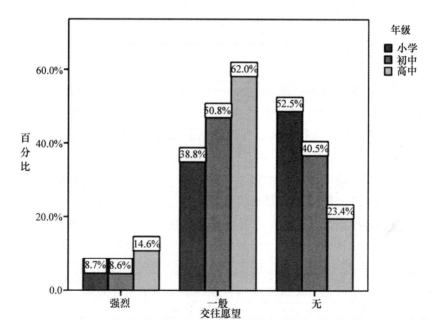

图 17　不同年级学生的交往愿望

2-4 不同户籍学生的交往愿望

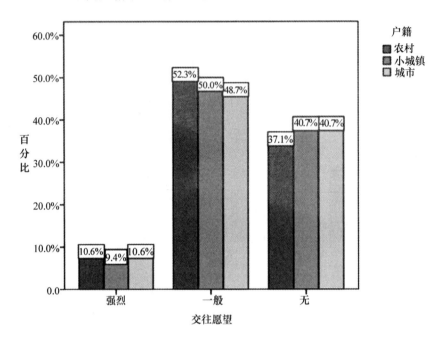

图18 不同户籍学生的交往愿望

　　图中所示，不同户籍的学生对与异性同学交往的愿望较为接近。农村、小城镇和城市的学生对与异性同学交往的愿望强烈的分别为10.6%、9.4%以及10.6%，三者数据非常接近；交往愿望一般的分别为52.3%、50.0%以及48.7%，三者区别不大，在无交往愿望的人数上，农村略微低于城市和小城镇学生。可见不同户籍和与异性同学交往愿望之间的强度无明确相关。

　　综合上述图表，学生对与异性同学交往的愿望多为一般或无，少数学生对与异性同学的交往愿望较为强烈。交往愿望受到地域、性别以及年级影响。苏北地区的学生交往愿望比苏南地区略强；男生的交往愿望比女生强烈；年级越高与异性同学交往的意愿越强。交往愿望受户籍影响不大。

3. 你对自己的身体长相是否满意

3-1 不同地域学生的长相满意度

从图中可以看出，苏南、苏北地区的学生对自己的身体长相满意度多为很满意或一般。苏南地区的学生对自己身体长相很满意的占36.8%，比苏北地区学生高4.5%，对自己身体长相满意度一般的占48.9%，和苏北地区的满意度相近，满意度说不清楚和不满意的，两个地区基本持平。总体而言，地域不同对身体长相的满意度影响不大。

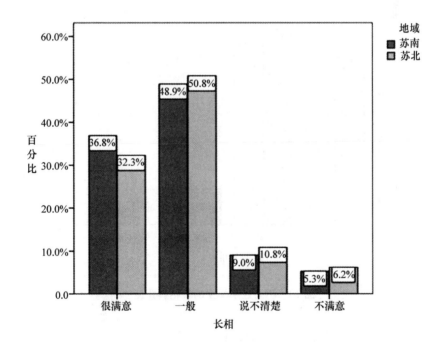

图19 不同地域学生的长相满意度

3-2 不同性别学生的长相满意度

从图中可以看出，男生对自己的身体长相很满意的占41.9%，满意度一般的占44.7%；而女生对自己身体长相很满意的只有26.1%，满意度一般的占55.5%。与男生相比，女生对自己身体长相的满意度更低。该调查结果与国内以往研究结论一致，青少年身体自我评价存在明显的性别差异，男生比女生对身体更满意（陈红、黄希庭、郭成，2004；陈红、黄希庭，2005）。这可能是与受到传统文化、大众舆论和传媒等关于女性身体美标准的影响，女生对自己的身体往往要求过高有关。

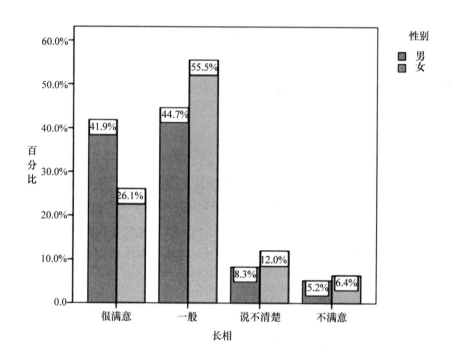

图 20　不同性别学生的长相满意度

3-3 不同年级学生的长相满意度

从图中可以看出，不同年级的学生对自己的身体长相满意度随年级增加而降低。小学生对自己的身体长相满意度较高，很满意的占48%，比一般满意的高出 8.4%；中学阶段对自己的身体长相满意度多为一般，初中生只有 31.2% 觉得很满意；高中生满意度降至23.3%。可见随着年龄的增长，学生越关注自己的外表，有更多的评价和比较，对身体长相的满意度也不断受到影响。

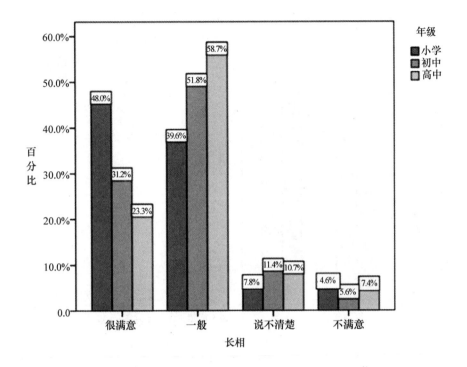

图 21 不同年级学生的长相满意度

3-4 不同户籍学生的长相满意度

图中所示，农村和小城镇的学生对自己的身体长相满意度较为接近，满意度多为一般。而城市的学生对自己的身体长相很满意的占39.2%，高出农村学生9.6个百分点，高出小城镇学生7.7个百分点。城市的学生对自己的身体长相满意度一般的占46.8%，比农村和小城镇的学生低5.5个百分点。由此可见，城市的学生比农村和小城镇的学生对自己的身材长相有着更高的满意度。陈红、黄希庭（2005）发现，城市学生比农村学生对身体更满意。本研究调查的结果与其类似。考虑到城市比农村的生活条件优越，营养状况好于农村学生，也更有条件装扮自己，因此城市学生会比农村或小城镇学生对自己的身体更满意。

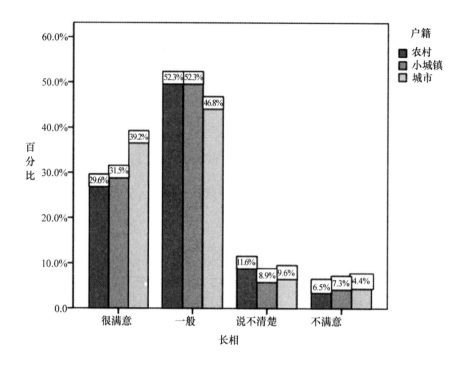

图22 不同户籍学生的长相满意度

综合上述图表,学生对自己的身体长相满意度多为满意或一般,少数学生说不清楚或是不满意。满意度主要受到性别、年级以及户籍影响。女生比男生对自己身体长相的满意度低;年级越高满意度越低;城市的学生比农村和小城镇的学生对自己的身材长相有着更高的满意度。满意度受地域影响不大。

4. 因不被家长理解而烦恼的频率

4－1 不同地域的学生家长理解情况

从图中可以看出,有64.5%的苏南地区学生和65.3%苏北地区学生偶尔不被家长理解,占大多数情况;而经常不被理解的分别占20.3%和21.1%。有15.2%的苏南地区学生和13.6%的苏北地区学生从无家长不理解的烦恼。总体而言,两个地域的学生家长理解的情况比较相近。

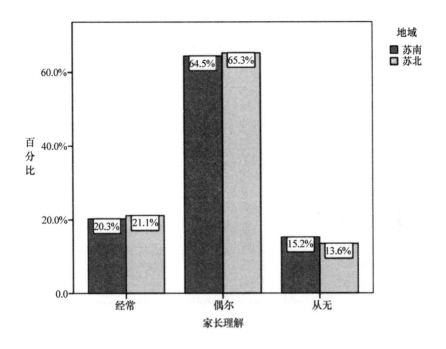

图 23　不同地域的学生家长理解情况

4 – 2　不同性别的学生家长理解情况

从图中可以看出，23.5% 的男生经常不被家长理解，高出女生 5.6 个百分点。多数情况下会出现偶尔不被家长理解的情况，其中 61.6% 的男生偶尔不被家长理解，比女生少 6.9 个百分点。从无家长不理解的情况男女所占比例基本持平。也就是说，不同性别感觉到的家长理解的情况不同，男生更容易感觉到不被理解。这与父母对不同性别儿女的教育方式以及男女生自身性别特点有关。男生更多是行为取向，父母教育方式也容易出现强硬的教育风格，使得沟通出现阻碍；而女生更多的是言语交流，遇到心事和困难常常通过情绪和言语表露出来，容易和父母之间形成理解。

4 – 3　不同年级的学生家长理解情况

从图中可以看出，各年级学生多数情况下会出现偶尔不被家长理解的情况。具体来说，23.4% 的初中生经常不被家长理解，分别高出

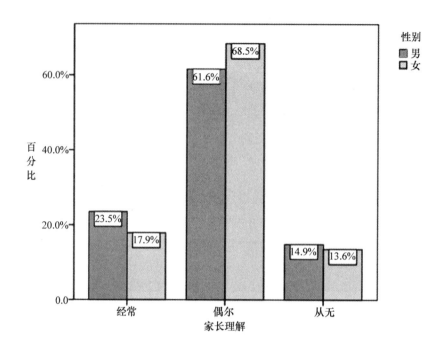

图 24　不同性别的学生家长理解情况

小学和高中 5.5 个和 3.4 个百分点。学生偶尔不被理解的情况随着年级升高比例逐步增加。结合从无家长不理解的数据来看，小学生相比中学生更容易被家长理解，感受性最好；初中生经常性的矛盾增多；高中生有所缓和，经常不被理解的频率有所下降，但总体被理解的感受性依旧不佳。这与学生青春期自我意识的觉醒、要求独立有着密切的关系。初中阶段刚好是青春期的开始时间，家长很有可能没有做好准备，容易出现亲子矛盾和沟通障碍。而高中阶段亲子双方已经适应亲子互动模式的变化，激烈冲突得到缓解，但沟通不畅的情况仍旧没有实质性的改善。

　　4-4 不同户籍的学生家长理解情况

　　从图中可以看出，不同户籍的学生不被家长理解的情况差不多，62.6%—66.8% 的学生偶尔会不被理解，经常不被理解和从无不被理解的情况不同户籍所占百分比十分接近。

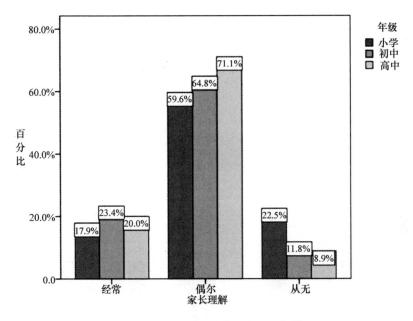

图 25 不同年级的学生家长理解情况

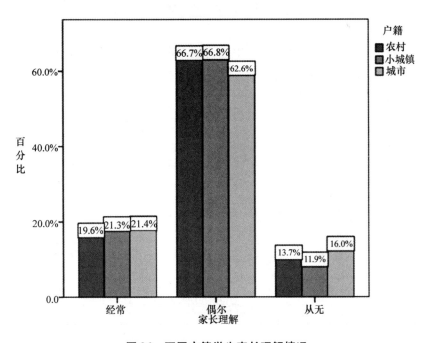

图 26 不同户籍学生家长理解情况

综合上述图表，多数学生偶尔会感觉到家长不理解自己，20%左右的学生会有经常不被家长理解的感受。是否被家长理解主要受到性别和年级的影响。男生更容易感觉到不被理解，小学生最感觉被理解。地域和户籍对此影响不大。

5. 你最想得到谁的帮助

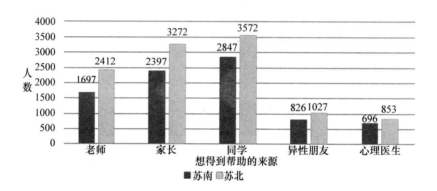

图27　不同地域的学生想得到帮助的来源

图中可知，不同地域的学生想得到帮助的来源总体排序相似，更倾向于求助的对象依次为同学、家长和老师，选择求助于异性朋友和心理医生的排在最后。

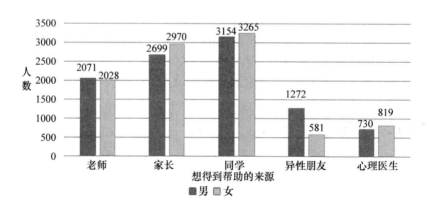

图28　不同性别的学生想得到帮助的来源

图中可知，无论男生还是女生，最想得到帮助的来源依次为同学、家长和老师，其中，倾向于求助同学和老师的情况，男女生人数非常接近，但求助于家长女生比男生要多。除了这三个帮助来源外，男生更倾向于向异性朋友求助，而女生则最不愿意求助于异性朋友，她们更愿意求助于心理医生。

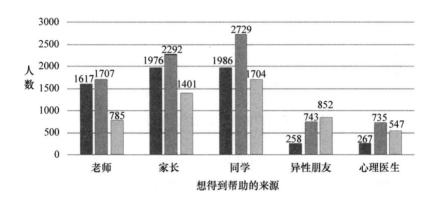

图29 不同年级的学生想得到帮助的来源

图中可知，对于小学生而言，最想得到帮助的来源首先是家长和同学，两者几乎持平，其次是老师，可见在小学生的生活中，家长和同学都是非常重要的组成部分；而初中生最想得到帮助的来源依次为同学、家长和老师。可以看出到了初中以后，随着自我意识的独立和发展，与家人或老师沟通并向其求助的行为受到了抑制，同辈之间的互动变得更加频繁。除了这三个求助主要来源外，小学生和初中生对于向心理医生和异性朋友的求助度非常相近。而高中生的求助来源首要两位依旧是同学和家长，但对向异性朋友求助的倾向已经高于向老师求助。说明随着两性意识的觉醒，高中生与异性交往越来越频繁，异性慢慢成为生活中一个重要因素，与此同时，老师对高中生的影响慢慢减退，符合学生身心发展规律。

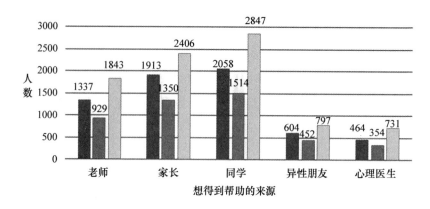

图30 不同户籍的学生想得到帮助的来源

图中可知，不同户籍的学生想得到帮助的来源总体排序相似，更倾向于求助的对象依次为同学、家长和老师，异性朋友和心理医生排在最后。

综合上述图表，当学生需要帮助时，主要求助来源首先是同学，其次是家长，这是不同地域、性别、年级以及户籍学生呈现出来的共同特征。向老师求助一般情况下是排在第三位的求助来源，但对于高中生来说，他们更偏好向异性朋友求助。男女生对于求助来源的差别在于男生比女生会更愿意向异性求助。对中小学生而言，向异性求助和向心理医生求助的倾向比较相似，心理医生已经进入学生的视野，但尚未成为一个主要的求助方式。

6. 你父母之间的感情如何

6－1 不同地域学生的父母之间的感情

图中可知，无论苏南地区还是苏北地区的学生，父母之间感情大多较好，少部分一般，感情差或者破裂的非常少，不同地域情况基本持平。

6－2 不同性别学生的父母之间的感情

图中可知，无论男生还是女生父母之间感情大多较好，少部分一般，感情差或者破裂的非常少，不同性别情况有略微差异，女生觉察

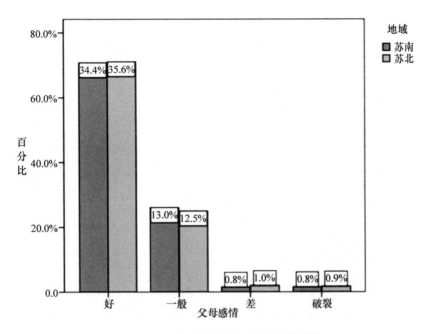

图 31　不同地域学生的父母之间的感情

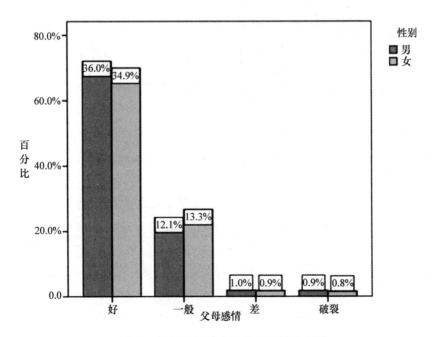

图 32　不同性别学生的父母之间的感情

到的父母之间感情没有男生好，这可能与女生本身细腻、敏感的个性有关，与以往研究结论相似（杨阿丽，方晓义，涂翠平，李红菊，2007）。

　　6 - 3　不同年级学生的父母之间的感情

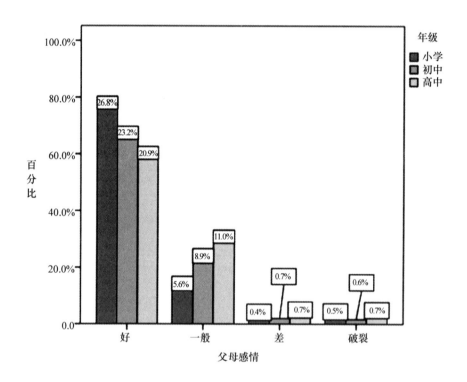

图 33　不同年级学生的父母之间的感情

　　从图中可以看出，总的来说各年级学生父母之间感情大多较好，少部分一般，感情差或者破裂的非常少。具体来看，随着年级升高，越来越多的学生感觉父母之间感情从好变成了一般，26.8% 的小学生觉得父母之间感情较好，初中只有 23.2%，高中最低只有 20.9%。一方面随着年级升高，学生更能知觉父母间的冲突内容（杨阿丽，方晓义，涂翠平，李红菊，2007），另一方面可能是因为初高中的父母大多处在中年阶段，"多事之秋、多重负担的父母" 加上 "多事之秋、心理断乳的青春期的孩子",更增加了中年父母的压力和冲突的来源。面对逐渐长大的孩子,父母也不再像对待小学的孩子一样,将矛盾藏起来。

　　6-4 不同户籍学生的父母之间的感情

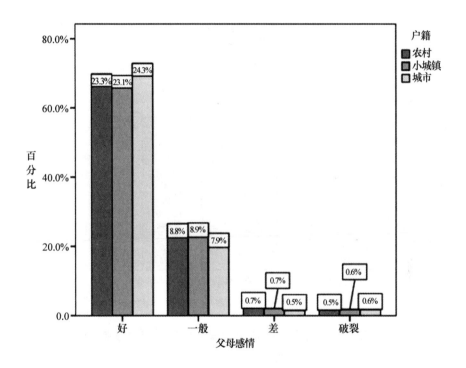

图 34　不同户籍学生的父母之间的感情

　　图中可知,无论是农村、小城镇还是城市的学生,父母之间感情大多较好,少部分一般,感情差或者破裂的非常少,不同户籍的情况基本持平。

　　综合上述图表,江苏省内中小学生的父母之间感情大多较好,感情差或者破裂的占极少数,这种情况不因地域、性别、年级和户籍改变,但不同性别和年级会呈现一些差异。即女生知觉到的父母之间感情没有男生好;随着年级升高,学生知觉到的父母之间的感情越来越一般。

7. 你是否有时候对父母的行为感到很失望

7-1 不同地域的学生对父母行为感到失望的频率

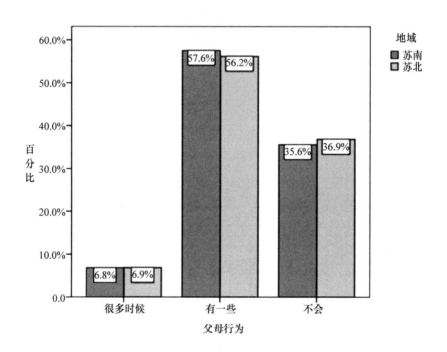

图 35　不同地域的学生对父母行为感到失望的频率

　　从图中可以看出，不同地域的学生对父母行为感到失望的频率较为一致。57.6%的苏南地区学生和56.2%的苏北地区学生会对父母的行为有一些失望，两者相差1.4个百分点；35.6%的苏南地区学生和36.9%的苏北地区学生不会对父母的行为感到失望，两者相差1.3个百分点，差距非常小；只有6.8%的苏南学生和6.9%的苏北学生很多时候会感到失望。

7-2 不同性别的学生对父母行为感到失望的频率

　　从图中可以看出，不同性别的学生对父母行为感到失望的频率比较接近。55.5%的男生和58.1%的女生会对父母的行为有一些失望，两者相差 2.6 个百分点；37.3% 的男生和 35.4% 的女生不会对父母的行为感到失望，两者相差 1.9 个百分点，差距非常小；只有 7.2% 的男生和 6.5% 的女生很多时候会感到失望。

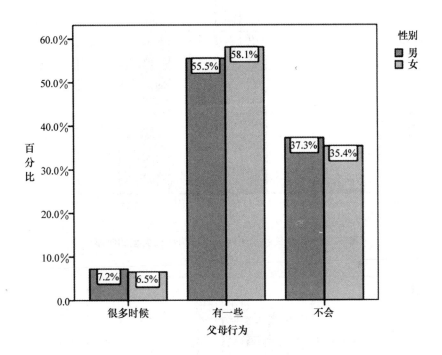

图36　不同性别的学生对父母行为感到失望的频率

7-3 不同年级的学生对父母行为感到失望的频率

从图中可以看出，不同年级的学生对父母行为感到失望的频率有所不同。随着年级升高，越容易对父母的行为感到失望。51.2% 的小学生不会对父母的行为感到失望，初中生只有 34.7%，高中生更少，只有 22.4% 不会对父母行为感到失望。相应地，对父母行为有一些失望的高中生高达 69.7%，初中生也有 57.5%。7.8% 的初中生和高中生很多时候都对父母行为感到失望。结果与不被家长理解的情况较为相似。这可能因为青春期的到来，使得家长与学生之间的冲突与对立明显增加，导致学生对父母有越来越多的不满和失望。

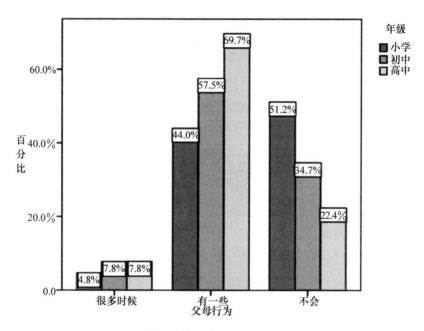

图 37　不同年级的学生对父母行为感到失望的频率

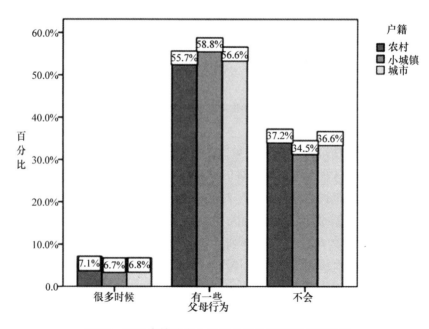

图 38　不同户籍的学生对父母行为感到失望的频率

7-4 不同户籍的学生对父母行为感到失望的频率

从图中可以看出，不同户籍的学生对父母行为感到失望的频率比较接近。55.7%的农村学生、58.8%的小城镇学生和56.6%的城市学生会对父母的行为有一些失望，三者相差不到2.2个百分点；37.2%的农村学生、34.5%的小城镇学生和36.6%的城市学生不会对父母的行为感到失望，三者之间相差不到2.7个百分点。

综合上述图表，超过一半的学生会对父母的行为有一些失望，还有一部分不会对父母的行为感到失望，很多时候都会失望的占少数。不同年级会呈现一些差异。年级越高越容易对父母的行为感到失望。

8. 你的业余生活和爱好如何

8-1 不同地域学生的业余生活和爱好

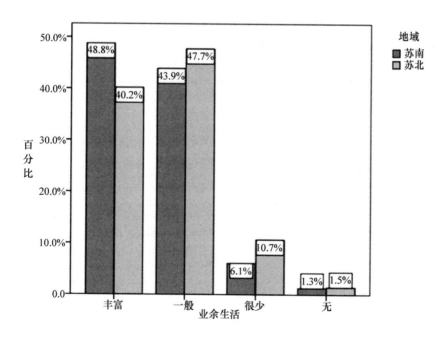

图39　不同地域学生的业余生活和爱好

图中可知，不同地域学生的业余生活和爱好多为丰富或一般。其中，48.8%的苏南地区的学生业余生活和爱好是丰富的，比苏北地区多了 8.6 个百分点；而业余生活和爱好一般的苏南地区学生占 43.9%，苏北地区占 47.7%；业余生活和爱好很少的苏北地区学生占 10.7%，比苏南地区多 4.6 个百分点。由此可见，苏南地区学生的业余生活和爱好比苏北地区丰富。这可能与苏南地区经济更发达，有更多的资源可以用来充实业余生活，扩展兴趣爱好有关。

8-2 不同性别学生的业余生活和爱好

图中可知，不同性别学生的业余生活和爱好多为丰富或一般。其中，46.7% 的男生业余生活和爱好是丰富的，比女生多了 6.2 个百分点；相应地，业余生活和爱好一般的男生占 43.0%，女生占 49.4%；业余生活和爱好很少或无的情况男女生基本持平。由此可见，男生的业余生活和爱好比女生丰富。

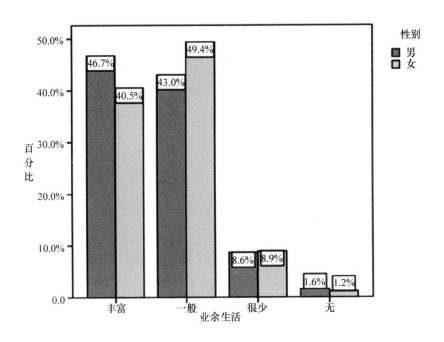

图 40 不同性别学生的业余生活和爱好

8-3 不同年级学生的业余生活和爱好

图中可知，不同年级的学生，其业余生活和爱好多为丰富或一般。随着年级升高，学生的业余生活和爱好越少。53.1%的小学生业余生活和爱好是丰富的，初中生只有44.0%，高中生更少，只有32.9%；与此同时，业余生活和爱好一般的高中生达55.1%，初中生也有45.8%；业余生活爱好很少的也是高中生最多，初中生其次。可以猜测，随着年级升高，繁重的学习占据了学生大量的时间和精力，无法继续维持丰富的业余生活和爱好。

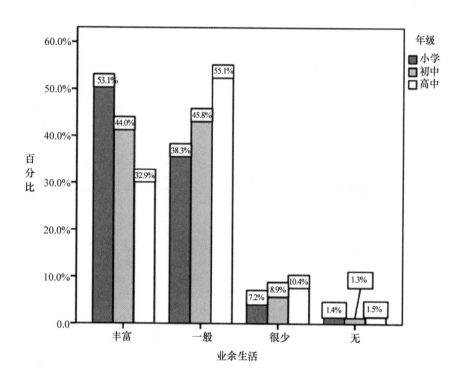

图41 不同年级学生的业余生活和爱好

8-4 不同户籍学生的业余生活和爱好

图中可知，不同户籍的学生，其业余生活和爱好情况有所差别。越是农村的学生，业余生活和爱好就越少。51.2%的城市学生业余生活和爱好是丰富的，小城镇只有44.2%，农村学生更少，只有34.1%；与此同时，业余生活和爱好一般的农村学生达53.1%；业余生活爱好很少的也是农村学生最多，小城镇学生其次。可以猜测，经济越发达、生活物资越多样化的地区，学生有更多的资源可以用来充实业余生活，扩展兴趣爱好。而农村的学生除了资源匮乏外，很多都需要帮助家里务农、做家务等，占据了不少业余时间。

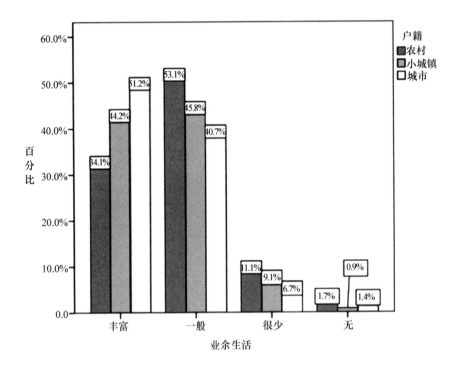

图 42　不同户籍学生的业余生活和爱好

综合上述图表，多数中小学生有丰富或一般的业余生活和爱好。不同地域、性别、年级和户籍的业余生活和爱好会呈现一些差异。越是经济发达的地区，业余生活和爱好就越丰富。年级越高，业余生活和爱好就越匮乏。同等情况下，男生的业余生活和爱好比女生丰富。

9. 当重要考试来临，你是否特别恐惧

9-1 不同地域学生的考试恐惧

从图中可以看出，无论苏南地区还是苏北地区，当重要考试来临

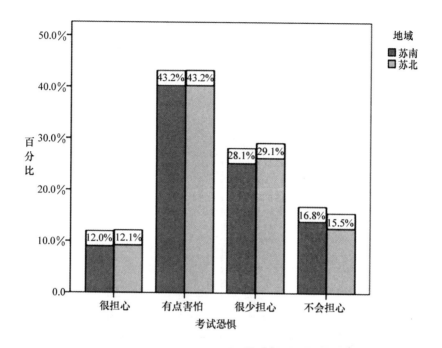

图 43　不同地域学生的考试恐惧

时，学生对考试的担心程度非常相似。苏南、苏北皆有43.2%的学生觉得有点害怕；很担心的苏南地区有12.0%，苏北地区有12.1%；很少担心的苏南地区占28.1%，低于苏北地区1个百分点；而不会担心的苏南地区占16.8%，高于苏北地区1.3个百分点。总体来说，多数学生有点担心或者很少担心。

9-2 不同性别学生的考试恐惧

从图中可以看出，当重要考试来临时，不同性别学生对考试很担心的和很少担心的比例非常接近。女生在面对大考时不会担心的情况比男生低9.9个百分点，而对考试有点害怕的女生占了48.7%，高出男生10.8个百分点。说明面对重要考试时，相较于男生而言，更多的女生有不同程度的担心，也即女生的考试焦虑更具有普遍性。但高水平的焦虑人数两者是没有实质性差异的。有的研究（李芳、白学军，2006）认为，考试焦虑的性别差异是因为女性对考试情境产生的情绪性水平更高些，即考试焦虑中性别差异最主要的原因在于情绪性成分，而有研究（陈顺森，2007）则发现在认知成分上存在性别差异。

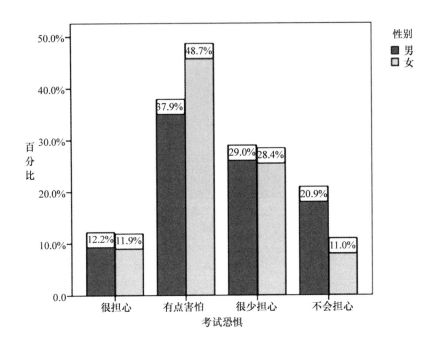

图 44　不同性别学生的考试恐惧

9 - 3 不同年级学生的考试恐惧

从图中可以看出，当重要考试来临时，不同年级的学生对考试的担心程度不一。小学女生在面对大考时很担心的百分比最高，达到15.3%，不担心的百分比也是最高，达21.5%，总体看来，各担心程度较为平均。而初高中生比较集中的处于有点害怕的水平，年级越高，很担心和不会担心的情况越少。由此看来，中学生普遍存在考试焦虑，但高水平的焦虑较少。小学生的焦虑水平相比较而言比较平均，很担心的和不担心的都占了一定比例。有研究（腰秀平、姚雪梅，2005）表明在个体发展的不同年龄阶段考试焦虑水平高低有别，

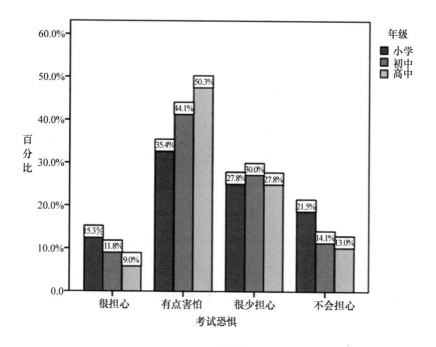

图 45　不同年级学生的考试恐惧

它体现着生理成熟对个体考试焦虑水平的影响。所以小学生的考试焦虑情况可能与其高级神经调节能力尚未发展成熟有关。而中学生有更加成熟的思维和情绪调控能力，能够更加合理地归因和看待考试，所以多数学生能将考试焦虑控制在一定的水平中。但可能受到学业压力的影响，焦虑的普遍性依旧多于小学生。

9 - 4 不同户籍学生的考试恐惧

从图中可以看出，农村、小城镇以及城市学生，当重要考试来临时，对考试的担心程度非常相似。将近一半的学生觉得有点害怕，27.5%—29.1%的学生很少感觉到担心，之后是不会担心和很担心的学生，所占比例相差不多。总体来说，多数学生有点担心或者很少担心。

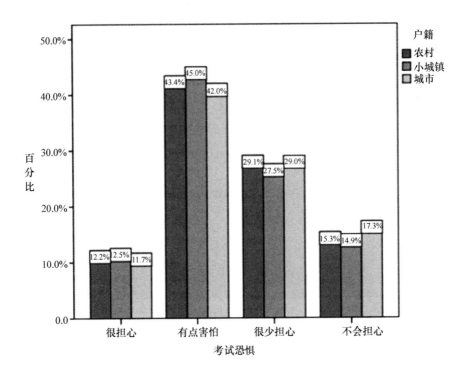

图 46　不同户籍学生的考试恐惧

　　综合上述图表，中小学生的考试焦虑情况较为相似，多数学生在面对重要考试时有点或很少害怕。不同性别和年级的学生在面对考试时的焦虑程度有一些差异。女生的考试焦虑更具有普遍性。相较于小学生，中学生普遍存在考试焦虑，但高水平的焦虑较少。不同地域和户籍的学生考试焦虑程度相近。

　　10. 你是否有时候会失眠

　　10-1 不同地域的学生是否失眠

　　关于失眠的情况，图中可知，苏南苏北地区无明显区别，苏南地区学生的失眠情况略高于苏北地区。近1/3的学生有失眠情况。

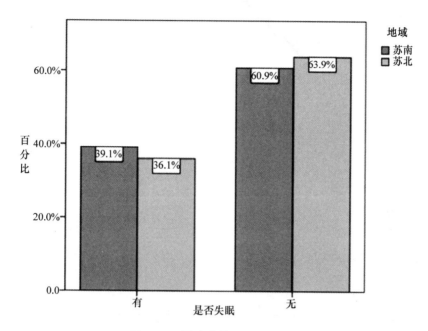

图 47 不同地域学生的失眠情况

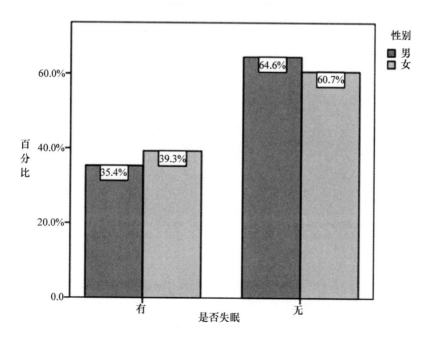

图 48 不同性别学生的失眠情况

10-2 不同性别的学生是否失眠

从图 10-2 可知，不同性别学生的失眠情况略有差异，相较于女生而言，64.6% 的男生没出现过失眠问题，高出女生 3.9 个百分点。可见男生睡眠质量更高。这可能和女生更敏感、更易感知压力，容易受到影响有关。

10-3 不同年级的学生是否失眠

图中可知，不同年级的学生的失眠情况呈阶梯式变化，越是年级高的学生越容易失眠。小学只有 30.4% 的学生有失眠问题，初中有 36.4%，而高中达到 46.4%，接近一半的高中生出现过失眠。可见随着学习压力的增大，思维能力的复杂与成熟，学生会越来越多出现不同程度的睡眠问题。

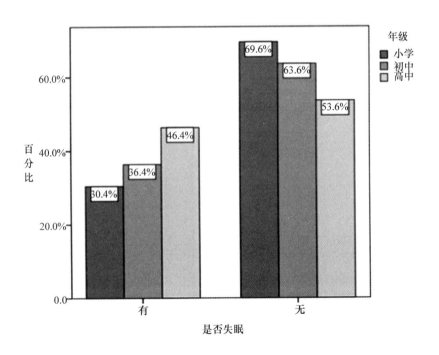

图 49　不同年级学生的失眠情况

10 – 4 不同户籍的学生是否失眠

从图中可以知道，失眠问题上不同户籍的学生情况相近，农村学生与其他学生略有不同，有失眠情况的农村学生比小城镇和城市学生分别高出 3.9 个和 2.9 个百分点。总体而言，有超过 1/3 的学生有过失眠情况。

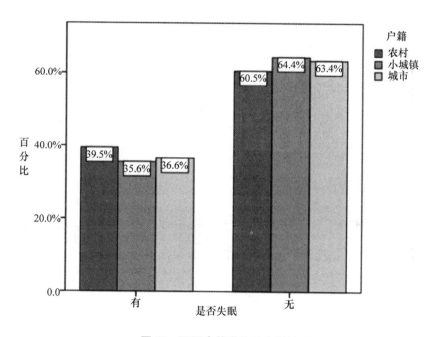

图 50　不同户籍学生的失眠情况

综合上述图表，中小学生有近 1/3 有过失眠，不同地域、性别和户籍的学生，失眠情况有略微差异，苏南地区学生的失眠情况略高于苏北地区，女生失眠情况比男生更多，农村学生失眠情况略高于小城镇和城市学生。年级对失眠情况的影响较大，年级越高的学生更容易失眠。

11. 缓解学习压力的方法有哪些

11 – 1 不同地域的学生缓解学习压力的方法

从图中可以看出，不同地域的学生缓解学习压力的方法较为类似，主要通过听音乐、找人聊天以及打游戏这三种方式，其中有超过40％的学生通过听音乐来缓解学习压力。

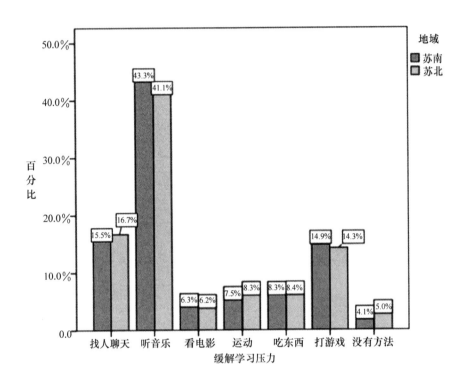

图51 不同地域的学生缓解学习压力的方法

11 - 2 不同性别的学生缓解学习压力的方法

从图中可以看出，不同性别的学生缓解学习压力的方法有所不同，女生排名前三位的方式分别为听音乐（50.2％）、找人聊天（18.2％）和吃东西（12.1％），而男生主要缓解压力的方式依次为听音乐（34.1％）、打游戏（24.9％）以及找人聊天（14.3％），另外男生另一个用得比较多的方式是运动，占11.0％。可以看出男女生所选的缓解学习压力的方式非常具有性别特点。

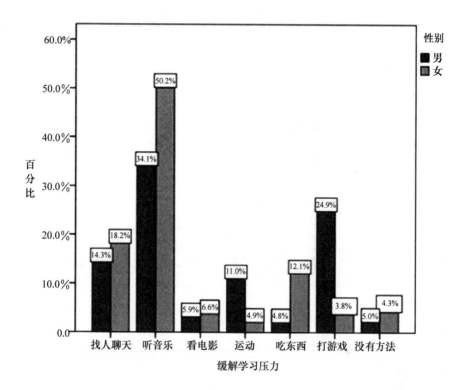

图 52　不同性别的学生缓解压力的方法

11 – 3　不同年级的学生缓解学习压力的方法

从图中可以看出，不同年级的学生缓解学习压力的方法有所不同，小学生排名前四位的方式分别为听音乐（36.1%）、找人聊天（21.8%）、打游戏（12.3%）和运动（11.5%），而到了中学，学生主要缓解压力的方式依次为听音乐、打游戏以及找人聊天。可以看出中学生的运动越来越少，而更多时间都用在了打游戏上。同时与人聊天的时间也减少了，听音乐这种不占用时间、容易获得的方式用得更多。

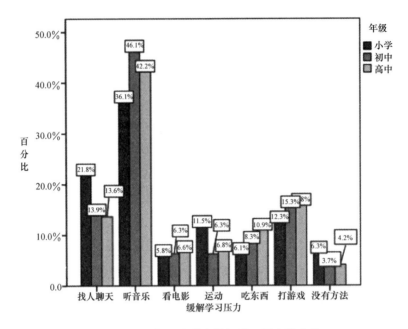

图 53　不同年级的学生缓解学习压力的方法

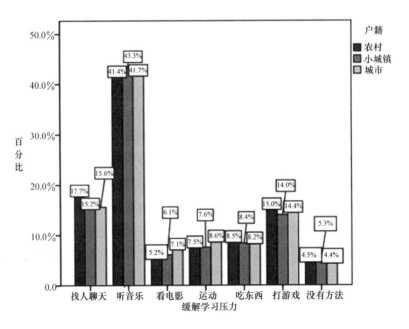

图 54　不同户籍的学生缓解学习压力的方法

11-4 不同户籍的学生缓解学习压力的方法

从图中可以看出，不同户籍的学生缓解学习压力的方法较为类似，主要通过听音乐、找人聊天以及打游戏这三种方式，其中有超过40%的学生通过听音乐缓解学习压力。

综合上述图表，不同地域、不同户籍的学生所选的缓解学习压力的方式非常接近，排名前三位的方式依次为听音乐、找人聊天以及打游戏，其中有超过40%的学生通过听音乐来缓解学习压力。而不同性别的学生除了听音乐和找人聊天外所选的娱乐方式更有性别特色，如男生会打游戏和做运动，女生会选择吃东西。不同年级的娱乐方式也有所差异，相较于小学生，中学生的运动和聊天的时间少了，更多选择打游戏和听音乐。

12. 你是否想到过自杀

12-1 不同地域的学生是否想到自杀

从图中可以看出，不同地域的学生想自杀的频率有所差异。苏南地区的学生5.9%经常想自杀，26.2%偶尔想起；苏北地区的学生4.5%经常想自杀，22.7%偶尔想起。两者加起来，苏南地区的学生比苏北地区的学生想到自杀的情况高4.9个百分点。

12-2 不同性别的学生是否想到自杀

从图中可以看出，不同性别学生想自杀的频率有所差异。73.9%的男生从未有过自杀意念，比女生高出6.3个百分点。有过自杀意念的学生中，有5.9%的男生经常想自杀，比女生高出1.7个百分点。由此看来，女生比男生更容易有自杀意念。这与国内学者研究结论一致（陶芳标、张洪波、曾广玉，1999；陈薇、李芳健等，2006）。女生相对男生有更高的易感性，富于幻想，感情相对丰富，容易受到伤害，容易产生自杀意念。

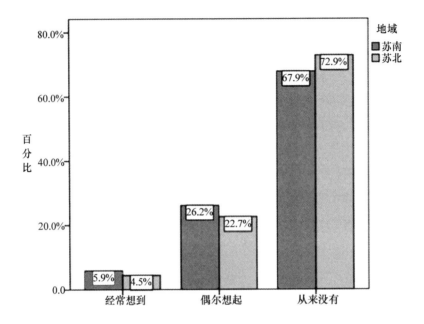

图 55　不同地域的学生是否想到自杀

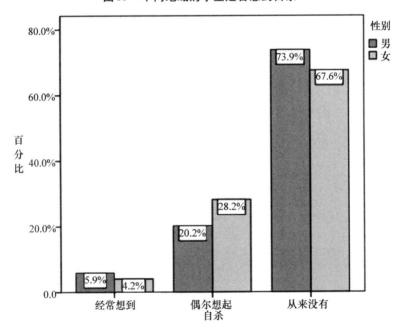

图 56　不同性别的学生是否想到自杀

12－3 不同年级的学生是否想到自杀

从图中可以看出，不同年级的学生想自杀的频率有所差异。随着年龄的增长和年级的升高，学生想自杀的意念增加，说明从小学四年级开始，自杀意念开始攀升。青春期是中小学生心理发展的重大转折期，通常将10—12岁界定为青春期前期，13—16岁为青春期中期，17—20岁为青春期晚期。家长和教师必须充分认识青春期的敏感、脆弱和自尊引起的冲动，合理引导处于青春期的学生健康成长。在现实生活中，青少年的自杀并不是单纯的心理脆弱，实则是高强度的学习压力所致，当前从根本上减少青少年自杀问题，还需从教育体制上做一些根本改变。

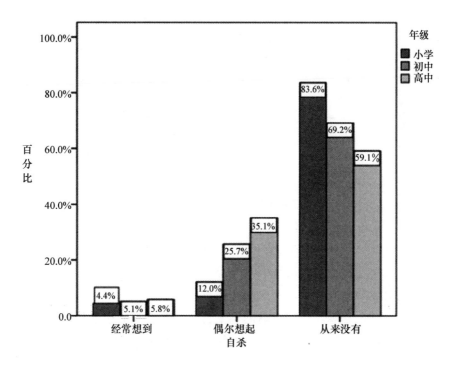

图 57 不同年级的学生是否想到自杀

12 – 4 不同户籍的学生是否想到自杀

从图中可以看出，不同户籍的学生自杀意念出现的频率基本相似。农村、小城镇以及城市的学生，70%左右从来没有过自杀意念，25%左右偶尔想起，5%左右的学生经常想到自杀。

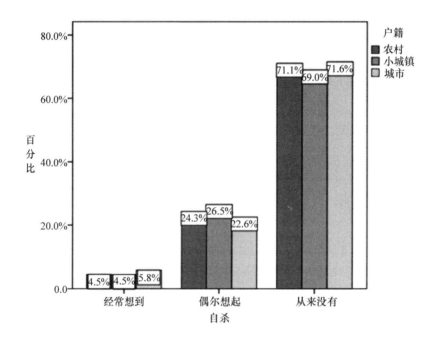

图 58　不同户籍的学生是否想到自杀

综合上述图表，中小学生多数没有过自杀意念。不同地域、性别和年级的学生自杀意念出现的频率不同，苏南地区的学生比苏北地区的学生更容易想到自杀，女生比男生更容易有自杀意念，年级越高越容易产生自杀意念。不同户籍的学生自杀意念出现的频率基本相似。

13. 每到一个新地方，你是否能适应新环境，很好地与人交往

13 – 1 不同地域的学生人际交往情况

从图中可以看出，无论苏南地区还是苏北地区，到一个新地方，多数学生可以适应新环境，很好地与人交往。60.2%的苏南地区的学

生容易适应，比苏北地区高 4.3 个百分点；而 6.1% 的苏南学生很难适应新环境，比苏北地区低 1.9 个百分点。总体而言，面对新的环境，苏南地区的学生比苏北地区的学生更容易适应与人交往。

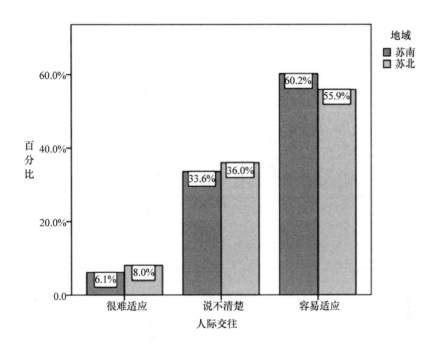

图 59 不同地域的学生人际交往情况

13-2 不同性别的学生人际交往情况

从图中可以看出，无论男女，到一个新地方，多数学生可以较好地适应新环境，很好地与人交往。其中男生中有 58.5% 的学生容易适应新环境，很好地与人交往，比女生仅高 1.6 个百分点；而很难适应新环境的学生里面，男生占 7.9%，比女生高 1.3 个百分点。总体而言，男女生在适应新环境中的情况差距不大，较之女生，男生难以适应和容易适应的情况均略多于女生。

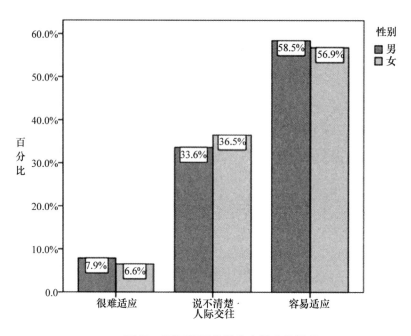

图 60 不同性别的学生人际交往情况

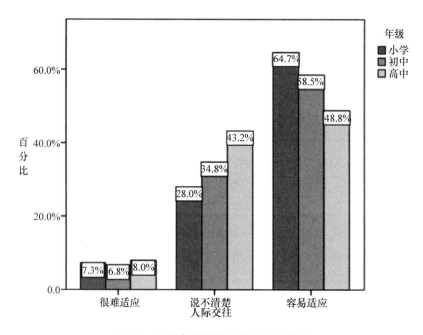

图 61 不同年级的学生人际交往情况

13 – 3 不同年级的学生人际交往情况

从图中可以看出，不同年级的学生，多数学生可以较好地适应新环境，很好地与人交往。随着年级升高，适应性越低，人际交往越不容易。小学生中有 64.7% 的学生容易适应新环境，很好地与人交往，初中生有 58.5%，而高中生只有 48.8%；而很难适应新环境的学生里面，各年级适应情况较为接近。这可能是因为随年龄增长，新环境里需要面对和适应的因素越来越复杂，人际交往也越来越有难度，所以适应起来越不容易。

13 – 4 不同户籍的学生人际交往情况

从图中可以看出，不同户籍的学生，多数学生可以较好地适应新环境，很好地与人交往。城市学生中有 62.7% 容易适应新环境，很好地与人交往，小城镇学生有 57.8%，而农村学生只有 51.4%；而有 8.7% 的农村学生很难适应新环境，高于小城镇和城市学生。由此看来，城市学生比小城镇学生更容易适应新环境，小城镇学生又比农村学生

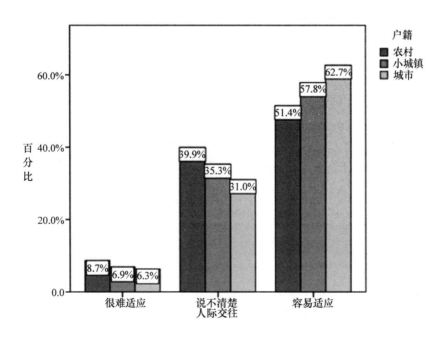

图 62　不同户籍的学生人际交往情况

适应性更高。这可能是因为城市比农村的生活环境更为复杂,从小生活在城市中的学生更有经验去适应变迁,所以适应起来比农村容易。

综合上述图表,中小学生多数能够较好地适应新环境,很好地与人交往。学生的适应情况与地域和户籍有关,苏南地区的学生比苏北地区的学生更容易适应,城市学生比小城镇和农村的学生更容易适应。与此同时,性别和年级也会影响学生的适应性。男生难以适应和容易适应的情况均略多于女生。年级越高适应性越低,人际交往越不容易。

14. 你是否经常感到很孤独

14 – 1 不同地域的学生的孤独感

由图中可知,有33.5%的苏南地区学生和31.8%的苏北地区学生从未有过孤独感,偶尔有孤独感的学生,各占苏南地区和苏北地区的51.4%和52.9%,经常感到孤独的学生,苏南地区和苏北地区基本持平。总的来说,学生的孤独感情况苏南地区和苏北地区非常接近。

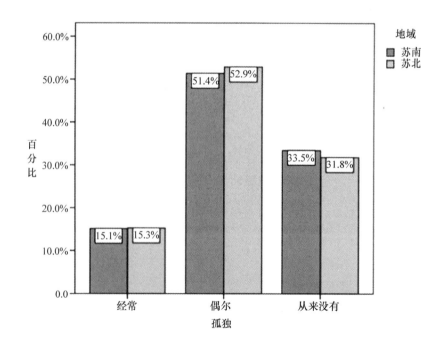

图63 不同地域的学生的孤独感

14-2 不同性别的学生的孤独感

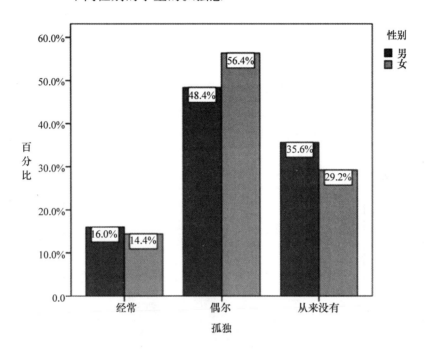

图64 不同性别的学生的孤独感

由图中可知，有35.6%的男生和29.2%的女生从未有过孤独感，偶尔有孤独感的学生，各占男女生的48.4%和56.4%，经常感到孤独的学生，男生比女生高出1.6个百分点。总的来说，女生的孤独感更普遍，多为偶尔出现，男生有高孤独感。这可能和女生更关注亲密关系，需要更多的肢体接触和陪伴有关。目前国外关于孤独感性别差异的研究仍存在争议，Felix Neto，Jose Barros（2003）宣称不存在性别差异。Brage D.，Meredith W.，& Woodward J.（1993）发现女性比男性有更多的孤独感体验，也有人持相反意见（邹泓，2003；李彩娜、邹泓，2006）。Felix Neto，Jose Barros（2000）指出，研究结论间出现矛盾的主要原因可能是由于测量工具的不同、文化的差异以及被试年龄阶段的不同。

14 - 3 不同年级的学生的孤独感

由图中可知,有近一半的小学生从来没有过孤独感,而初中生只有 32.5% ,高中生最低,只有 17.1% 的高中生没有过孤独感。偶尔有孤独感和经常有孤独感的学生中,高中生排第一位,64.9% 的高中生偶尔有过孤独感,初中生其次,小学生最少。总的来说,随着年级升高,学生的孤独感越来越普遍和频繁。该情况与学生的同伴关系和亲子关系趋势一致,可以推测,随着年级的升高,学生的同伴关系和亲子关系逐渐变差,使得其更容易感受到孤独。

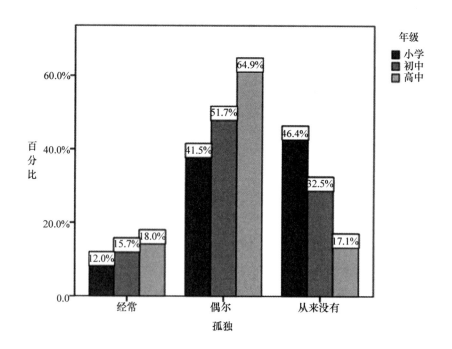

图 65　不同年级的学生的孤独感

14 - 4 不同户籍的学生的孤独感

由图中可知,城市学生与农村、小城镇的学生相比孤独感更少。36.8% 的城市学生从来没有孤独感,48.4% 的城市学生偶尔有孤独感。相较而言,农村和小城镇学生孤独感更普遍,但两者之间差异很接近。经常感到孤独的比例，不同户籍的学生情况基本持平。这可能和学生的休闲娱乐情况有关，本研究调查可知，城市学生的业余生活比农村和小城镇丰富，如果生活较为充实，孤独感也可能因此得到缓解。

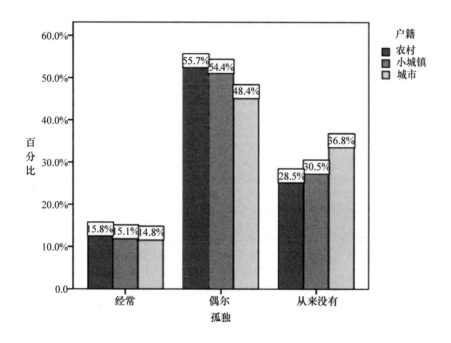

图66 不同户籍的学生的孤独感

综合上述图表，中小学生多数偶尔有孤独感。孤独感情况与性别、年级、户籍有关。女生的孤独感比男生普遍；年级越高学生的孤独感越普遍和频繁。城市学生与农村、小城镇的学生相比更不容易有孤独感。

15. 你玩过网络游戏吗

15-1 不同地域的学生玩网络游戏

从图中可以看出，经常玩网络游戏和从来没有玩过网络游戏的情况，因地域不同而有所不同。30.2%的苏南地区学生经常玩网络游戏，苏北地区只有23.7%，相差6.5个百分点。而从来没有玩过网络游戏的，苏北地区有26.6%，比苏南地区高出6.2个百分点。总的来说，苏南地区学生比苏北地区更普遍和频繁地接触网络游戏。这种情况有可能是受到苏南地区网络和电脑更普及，网络游戏受众面更广的影响。

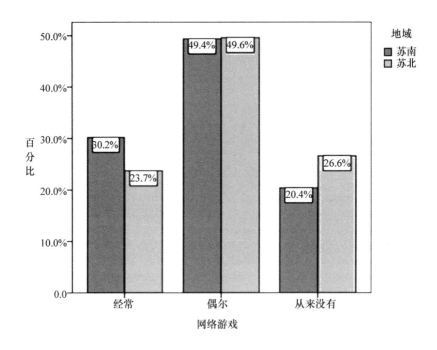

图 67　不同地域的学生玩网络游戏

15-2 不同性别的学生玩网络游戏

从图中可以看出，学生玩网络游戏有很明显的性别差异。41.3%和46.5%的男生经常或偶尔玩网络游戏，从来没有的只占12.2%。而女生只有10.9%经常玩，从来没有玩过网络游戏的占36.4%，高出男生24.2个百分点。由此可见，网络游戏在男生中的普及度非常高，男生比女生更经常玩。

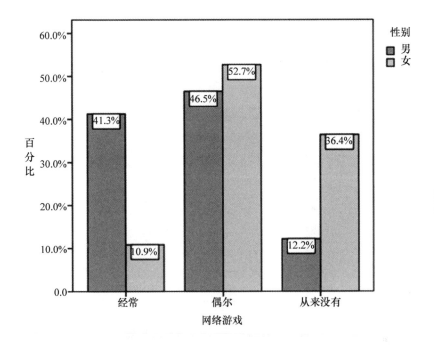

图 68   不同性别的学生玩网络游戏

15 – 3 不同年级的学生玩网络游戏

从图中可以看出，学生玩网络游戏的情况受到年级不同的影响。
49.8%和33.9%的高中生偶尔或经常玩网络游戏，从来没有的只占
16.4%。而小学生只有20.4%经常玩，从来没有玩过网络游戏的占
29.9%，高出高中生13.5个百分点。初中生玩网络游戏的情况介于两者
之间。由此可见，网络游戏的普及度和玩的频率随着年级升高而增长。

15 – 4 不同户籍的学生玩网络游戏

从图中可以看出，学生玩网络游戏的情况和户籍有关。总体而
言，相较于农村学生，网络游戏在小城镇和城市学生中普及率更高，
有26.9%的农村学生没有接触过网络游戏。在接触过网络游戏的学
生中，城市学生经常玩网络游戏的频率要高于其他两者，占27.8%。
网络游戏普及性的差异可能和游戏的可获得性和游戏的推广情况有
关，城市的学生比农村学生在网络资源上更有优势。

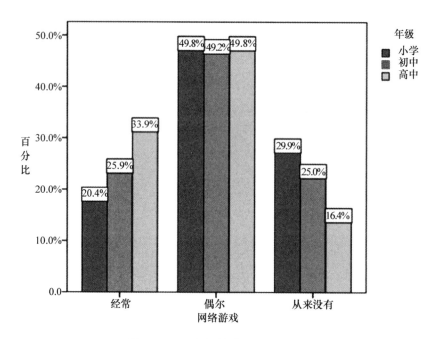

图 69　不同年级的学生玩网络游戏

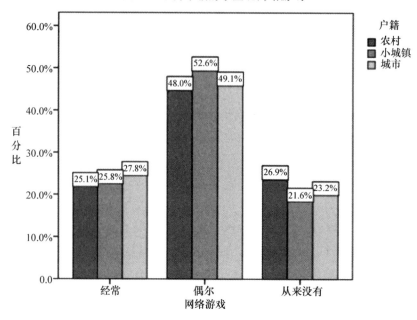

图 70　不同户籍的学生玩网络游戏

综合上述图表，网络游戏在中小学生中较为普及，不同地域和户籍的学生，网络游戏的普及性有所不同，苏南地区比苏北地区普及，城市、小城镇比农村普及。同时，网络游戏的受众学生，有性别和年级之分，男生普遍玩过网络游戏，女生受众面要小很多。而年级越高，网络游戏就越普及，玩的频率也越高。

16. 你通常上网的地点在哪里

16-1 不同地域的学生上网地点

图中可知，苏南地区上网更普遍，比苏北地区高出 5.5 个百分点，占总人数的 85.8%。在上网人群中，苏南地区的学生更多选择在家里上网，比苏北地区高出 6.7 个百分点。而在网吧上网的情况，苏北地区比苏南地区多。这可能是因为苏北地区经济没有苏南地区发达，网络入户率相对较低或是经济条件不够，使得家中网络可获得性比苏南地区低的原因。

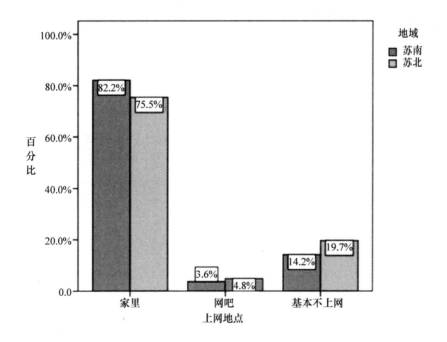

图 71　不同地域的学生上网地点

16-2 不同性别的学生上网地点

图中可知，男女生在家上网的比例相仿，78.5%的男生和77.9%的女生选择在家里上网。而在网吧上网和基本不上网的情况，不同性别有所差异。6.9%的男生选择去网吧上网，高出女生5.2个百分点。而不上网的情况，女生所占比例更高。由此可见，在家中无法获得上网资源的情况下，男生更倾向于去网吧上网，而女生则有可能不去上网。可能与女生一般不被允许去网吧有关，也有可能是因为女生对网络的需求没有男生必要。

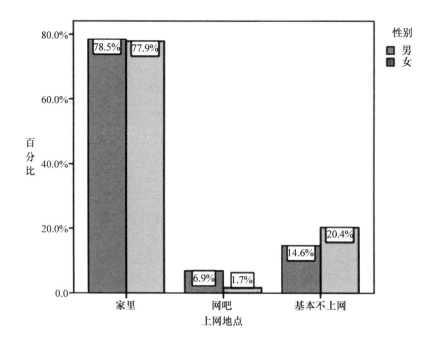

图72　不同性别的学生上网地点

16-3 不同年级的学生上网地点

图中可知，不同年级的上网地点有所差别。小学生上网的情况较中学生少，有27.9%的小学生基本不上网，即使上网也基本都在家中使用网络，去网吧的小学生只有1.6%。初中生和高中生相比较而言，在家上网的比例相似，剩余的学生中，高中生更倾向于去网吧，初中生更可能不上网。可见年级越高网络的使用率越高，并且对上网的需求更迫切，会通过其他途径获得网络资源。

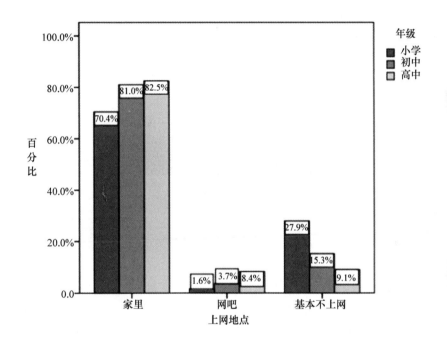

图73 不同年级的学生上网地点

16-4 不同户籍的学生上网地点

图中可知，不同户籍学生的上网地点有所差别。农村的学生不上网的人数占20.1%，比小城镇和城市学生多。而上网的学生中，农村学生去网吧的比例最高，达5.2%。可见农村的网络可获得率没有小城镇和城市高，相比小城镇和城市的学生，农村学生更有可能去网吧上网或者不上网。

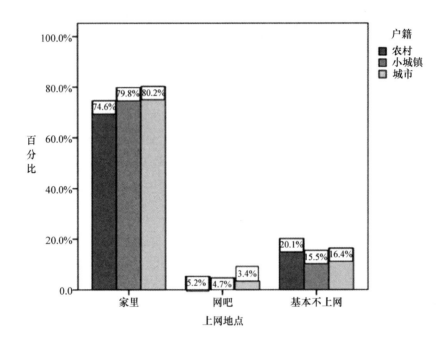

图 74　不同户籍的学生上网地点

　　综合上述图表，大部分学生基本都在家中获得网络资源。上网地点受到地域、性别、年级以及户籍影响。苏南地区的学生比苏北地区更多在家里上网。不上网或在网吧上网的情况，苏北地区更多。男生更倾向于去网吧上网，而女生则有可能不去上网。高年级学生更倾向于去网吧上网，而低年级学生则有可能不去上网。小城镇和城市的学生比农村学生更多在家里上网。不上网或在网吧上网的情况，农村学生更多。

　　17. 你上网的时间主要用来干什么

　　从图中可以看出，苏南地区和苏北地区的学生上网时间用途大体相似。排名前四位的依次为看电影听音乐、查资料、QQ 或 MSN 以及玩游戏，网上购物以及查看邮件的情况最少。

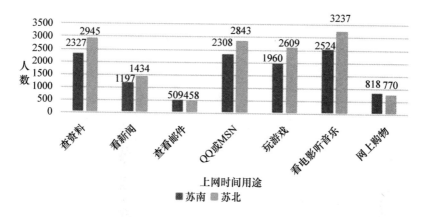

图 75　不同地域的学生上网时间用途

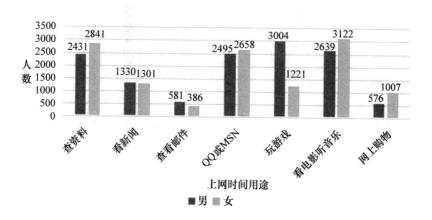

图 76　不同性别的学生上网时间用途

从图中可以看出，不同性别学生上网时间用途不同。男生排名前四位的依次为玩游戏、看电影听音乐、QQ 或 MSN 以及查资料，网上购物以及查看邮件的情况最少。而女生排名前三的依次为看电影听音乐、查资料、QQ 或 MSN。女生在看电影听音乐、查资料以及网上购物的人数明显多于男生。男生在游戏上的情况远远多于女生。

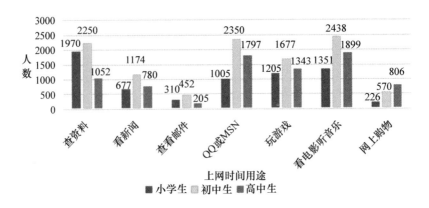

图77 不同年级的学生上网时间用途

从图中可以看出，不同年级的学生上网时间用途不同。小学生上网主要是查资料、看电影听音乐，初中生比小学生增加了一个 QQ 或 MSN，高中生查资料的情况大幅度下降，上网以看电影听音乐以及 QQ 或 MSN 为主，同时网上购物的情况增多。可以看出，网络的娱乐功能一直是主要的，工具性功能随着学生年级升高逐渐减少，聊天功能逐渐增多。与此同时，网上购物的情况随着年级升高也慢慢进入学生视野。

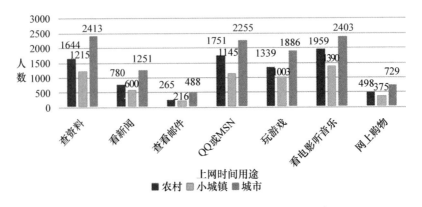

图78 不同户籍的学生上网时间用途

从图中可以看出，不同户籍的学生上网时间用途大体相似。排名前四位的分别为查资料、看电影听音乐、QQ 或 MSN 以及玩游戏，用于网上购物以及查看邮件的最少。

综合上述图表，学生上网的时间主要用于查资料、看电影听音乐、QQ 或 MSN 以及玩游戏，不同地域不同户籍的学生上网时间用途较为相似。不同性别和年级的学生网络使用方式存在一定区别。女生在看电影听音乐、查资料以及网上购物的人数明显多于男生。男生在游戏上的情况远远多于女生。工具性功能随着学生年级升高逐渐减少，聊天功能逐渐增多。与此同时网上购物的情况随着年级升高也慢慢进入学生视野。

18. 你每天上网的时间有多长

18-1 不同地域的学生上网时间

图中可知，苏南地区上网所占的比例更高。其中，苏南地区有

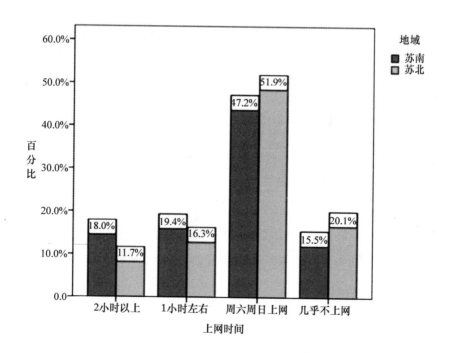

图79　不同地域的学生上网时间

18.0%的学生每天上网 2 小时以上,19.4%的学生每天上网 1 小时左右,均高于苏北地区。更多的学生在周六周日上网,苏南地区学生有47.2%,苏北地区学生有 51.9%。由此看来,无论是苏南地区还是苏北地区,近一半的学生都在周末上网,相较于苏北地区,苏南地区的学生平时上网的时间和机会更多。

18-2 不同性别的学生上网时间

图中可知,男生上网所占的比例更高。其中,男生有 16.0%的学生每天上网 2 小时以上,高出女生 3.5 个百分点;17.5%的男生每天上网 1 小时左右,和女生上网情况基本持平。更多的学生在周六周日上网,男生有 51.6.%,女生有 48.3%。由此看来,不同性别的学生以周末上网为主,就平时上网的情况来看,相较于女生,男生平时上网的时间和机会更多。这可能和男生对网络的需求更高、自我管理能力没女生好有关。

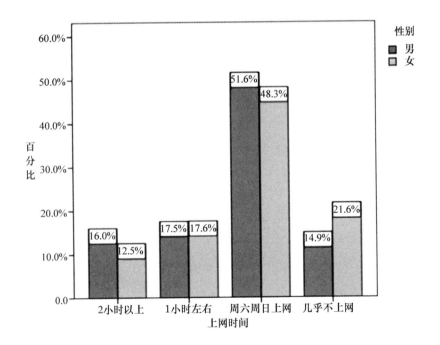

图 80　不同性别的学生上网时间

18-3 不同年级的学生上网时间

图中可知，年级越高上网的比例越高。其中，高中生有26.3%每天上网2小时以上，远高于初中生和小学生的比例；22.7%的小学生每天上网1小时左右，比中学生多。更多的学生在周六周日上网，尤其是初中生，有57.7%的初中生在周末上网，而小学生和高中生各有44.7%和44.2%。由此看来，各个年级以周末上网为主，就平时上网的情况来看，相较于中学生，平时上网1小时左右的多为小学生，2小时以上的多为高中生。

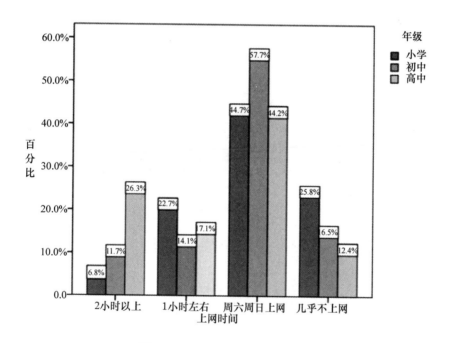

图81　不同年级的学生上网时间

18-4 不同户籍的学生上网时间

图中可知，不同户籍学生上网时间情况相近。其中，农村学生有16.7%每天上网2小时以上，高于小城镇和城市学生的比例；19.1%的农村学生和18.2%的城市学生每天上网1小时左右，比小城镇学生多。更多的学生在周六周日上网，尤其是小城镇，有56.6%的小城镇学生在周末上网,而农村学生和城市学生各有46.2%和49.3%。由此看来,各个户籍的学生以周末上网为主,就平时上网的情况来看,平时上网1小时左右的多为农村和城市学生,2小时以上的多为农村学生。

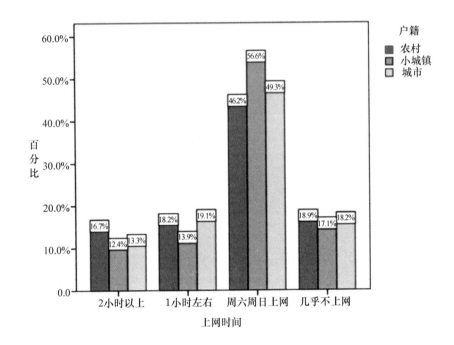

图82　不同户籍的学生上网时间

综合上述图表,总体来说,一半左右的学生在周末时间上网。平时上网的学生上网时间受地域、性别、年级和户籍影响。苏南地区的学生平时上网的时间和机会更多;男生平时上网的时间和机会比女生多;就年级而言,高中生平时上网的时间多在2小时以上,小学生多为1小时左右;就户籍来看,平时上网1小时左右的多为农村和城市学生,2小时以上的多为农村学生。

19.你所了解的男女恋爱关系,它的主要来源是哪里

从图中可以看出,苏南、苏北学生性知识来源在教师、父母、同伴、网络、书刊以及其他渠道有比较明显的差异,而在光盘影碟渠道

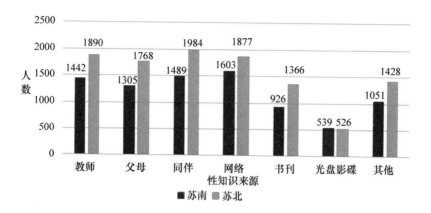

图 83 不同地域的学生性知识来源

差异并不明显。其中，差别最大的渠道为同伴渠道。苏南地区人数最高的渠道为网络渠道，苏北人数最高的渠道为同伴渠道。总体而言，苏南地区学生更多地从网络途径得到性知识，苏北学生更多地从同伴途径获取性知识，这有可能是因为苏南学生互联网普及率更高造成的。

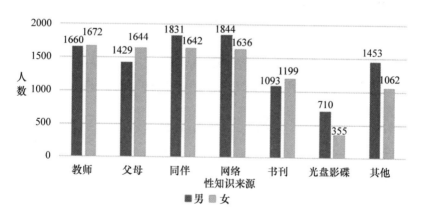

图 84 不同性别的学生性知识来源

从图中可以看出，男女学生在父母渠道、同伴渠道、网络渠道、书刊渠道、光盘影碟渠道以及其他渠道的人数上有明显差别，在教师渠道的人数差别不明显。男生性知识来源最高的渠道为网络渠道，女生性知识来源最高的渠道为教师渠道。这在一定程度上说明男生在获取性知识方面相较女生而言更加积极主动。

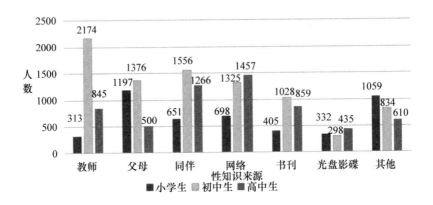

图85 不同年级的学生性知识来源

从图中可以看出，小学生获取性知识渠道人数从多到少依次为父母、其他、网络、同伴、书刊、光盘影碟、教师；初中生获取性知识渠道人数从多到少依次为教师、同伴、父母、网络、书刊、其他、光盘影碟；高中生获取性知识渠道人数从多到少依次为网络、同伴、书刊、教师、其他、父母、光盘影碟。总而言之，小学生更多地从父母渠道获取性知识；初中生更多地从教师渠道获取性知识；高中生更多地从网络渠道获取性知识。

从图中可以看出，农村户籍学生获取性知识渠道人数从多到少依次为同伴渠道、教师渠道、网络渠道、父母渠道、书刊渠道、其他渠道、光盘影碟渠道；小城镇户籍学生获取性知识渠道人数从多到少依次为网络渠道、同伴渠道、父母渠道、教师渠道、其他渠道、书刊渠道、光盘影碟渠道；城市户籍学生获取性知识渠道人数从多到少依次为网络渠道、同伴渠道、教师渠道、父母渠道、其他渠道、书刊渠道、光盘影碟渠道。农村户籍学生更倾向于从同伴渠道或教师渠道获取性知识，小城镇户籍学生、城市户籍学生更倾向于从网络渠道获取性知识。这在一定程度上说明小城镇户籍以及城市户籍学生相较于农

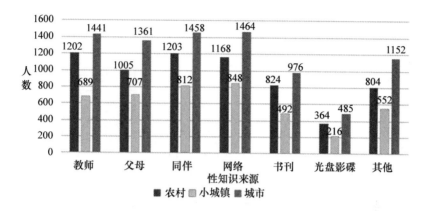

图86 不同户籍的学生性知识来源

村户籍学生在获取性知识上更为积极主动。

综合上述图表，不同地域、不同性别、不同年级、不同户籍的学生在获取性知识渠道上有一定差别。这在一定程度上说明苏南学生、男生、小城镇及城市户籍学生在获取性知识行为上表现得更为积极主动。学生随着年龄层次的变化，从小到大获取性知识途径会经历父母渠道－教师渠道－网络渠道的变化。

20. 当与异性朋友交往时，你的感觉如何

20－1 不同地域的学生异性交往

从图中可以看出，苏南学生和苏北学生在异性交往的各个维度中没有明显差别。苏南学生和苏北学生在异性交往中更多的感受是没有感觉，分别为41.6%和40.3%，最少的感受是异常兴奋，分别是9.8%和8.8%。

20－2 不同性别的学生异性交往

从图中可以看出，男女学生在异性交往中有差别。异常兴奋维度中，男生比例比女生比例高了8.8%，在有点紧张维度中，男生比女生高了11.8%，在不好意思维度中女生比男生高了3.6%，在没有感觉维度中，女生比男生高了16.9%。总的来说，男生在异性交往中相比女生更容易感到紧张与兴奋，女生相比男生更多会没有感觉。

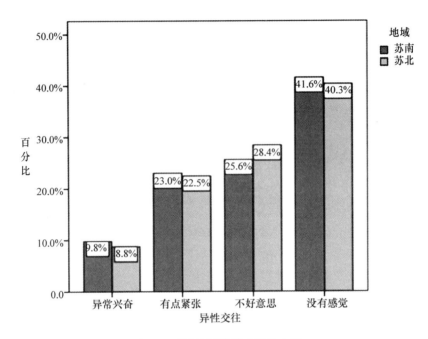

图 87　不同地域的学生异性交往

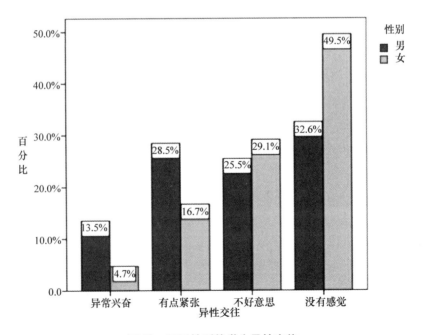

图 88　不同性别的学生异性交往

20-3 不同年级的学生异性交往

从图中可以看出，小学生在异性交往中占比最高的维度是没有感觉，占比为45.3%；初中生在异性交往中占比最高的维度是没有感觉，占比为44.7%；高中生在异性交往中占比最高的维度是有点紧张，占比为30.5%。初中生相比小学生和高中生在异性交往中不容易感受到异常兴奋；高中生相比小学生和初中生在异性交往中更容易感受到紧张。

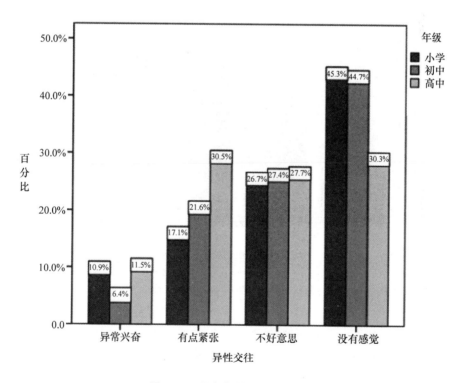

图89 不同年级的学生异性交往

20-4 不同户籍的学生异性交往

从图中可以看出，农村户籍、小城镇户籍、城市户籍学生在异常兴奋维度占比分别为9.6%、7.6%、9.7%；在有点紧张维度中占比分别为23.4%、23.9%、21.5%；在不好意思维度中占比分别为

30.2%、27.6%、24.7%；在没有感觉维度中占比分别为38.8%、40.9%、44.1%。综上所述，不同户籍学生在异性交往中感受基本相似，差距很小。

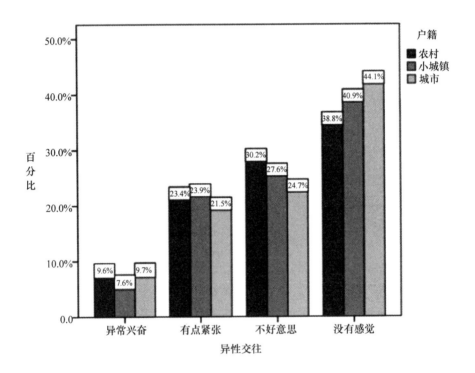

图90　不同户籍的学生异性交往

综合上述图表，在异性交往中，苏南与苏北学生感受基本相似，不同户籍学生感受基本相似；男女学生感受有一定差异，男生在异性交往中相比女生更容易感到紧张与兴奋；各年级学生在某些维度差异不大，某些维度存在一些差异。

21. 你有过性幻想吗

21-1 不同地域的学生性幻想

从图中可以看出，苏南学生有过性幻想的占比28.1%，苏北学生有过性幻想的占比30.9%；苏南学生没有性幻想的占比71.9%，苏北学生没有性幻想的占比 69.1%。在地域差别上，苏南学生与苏北学生差距很小。

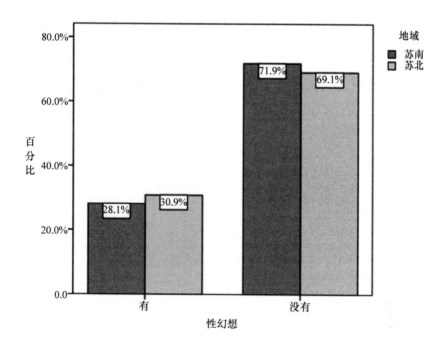

图91　不同地域的学生性幻想

21-2 不同性别的学生性幻想

从图中可以看出，男生有过性幻想的占比38.4%，女生有过性幻想的占比20.7%；男生没有性幻想的占比61.6%，女生没有性幻想的占比79.3%。总的来说，出现性幻想的男生比女生比例高了17.7%。

21-3 不同年级的学生性幻想

从图中可以看出，有性幻想的小学生占比29.1%，初中生占比22.9%，高中生占比40.7%；没有性幻想的小学生占比70.9%，初中生占比77.1%，高中生占比59.3%。不同年级在是否有性幻想中没有明显的差别，高中生有性幻想的占比略高。

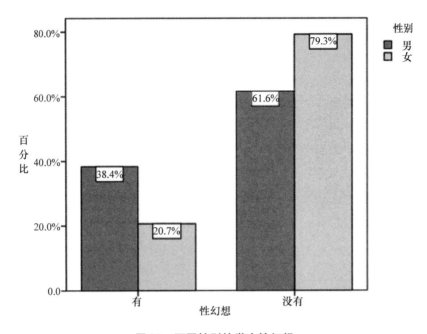

图 92　不同性别的学生性幻想

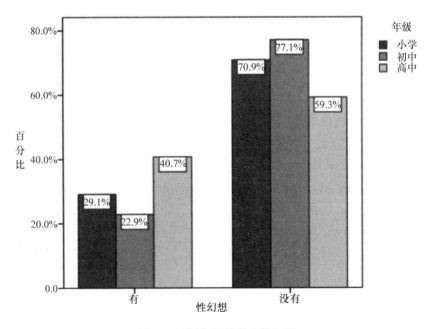

图 93　不同年级的学生性幻想

21 - 4 不同户籍的学生性幻想

从图中可以看出，不同户籍的学生在是否有性幻想上几乎没有差别，在有性幻想的占比中，农村学生略高。

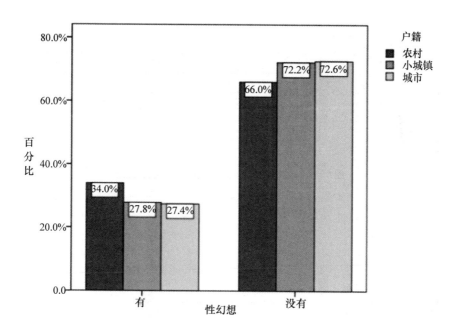

图 94　不同户籍的学生性幻想

综合上述图表，是否有性幻想的对比中，在地域、户籍上没有明显区别。不同性别中男生有性幻想的占比比女生高；不同年级中高中学生有性幻想占比更高。

22. 你最爱好的体育运动项目有哪些

22 - 1 不同地域的学生体育爱好的差异

从图中可以看出，苏南学生和苏北学生爱好人数最多的体育运动项目为羽毛球。苏南学生和苏北学生爱好人数最少的体育运动项目为排球。苏南学生爱好人数从高到低排列的体育项目依次为羽毛球、跑步、游泳、其他、篮球、乒乓球、足球、排球；苏北学生爱好人数从高到低排列的体育项目依次为羽毛球、跑步、其他、篮球、游泳、足球、乒乓球、排球。

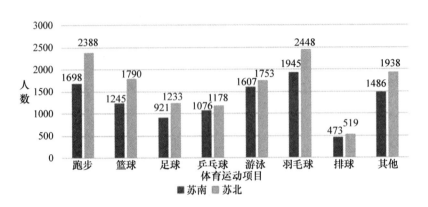

图 95   不同地域的学生体育爱好的地区差异

22 – 2 不同性别的学生体育爱好的差异

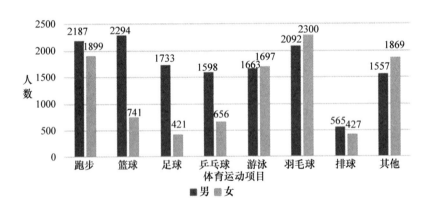

图 96   不同性别的学生体育爱好的差异

从图中可以看出,男女学生在羽毛球、跑步、游泳、排球、其他项目中爱好人数相差不大,但是在篮球、足球、乒乓球项目中爱好人数相差较大。男学生爱好人数最多的运动项目为篮球,女学生爱好人数最多的运动项目为羽毛球。男女爱好人数相差最多的项目为篮球,相差最少的项目为羽毛球。

22－3 不同年级的学生体育爱好的差异

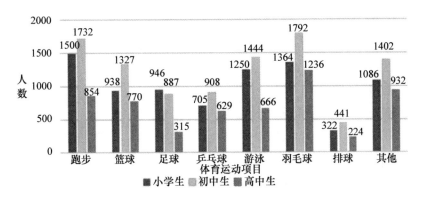

图97 不同年级的学生体育爱好的差异

从图中可以看出，小学生爱好人数最多的体育项目为跑步，初中生和高中生爱好人数最多的体育项目为羽毛球。小学生、初中生、高中生爱好人数最少的体育项目都为排球。

22－4 不同户籍的学生体育爱好的差异

从图中可以看出，农村户籍学生爱好人数最多的体育项目为羽毛球，小城镇户籍学生爱好人数最多的体育项目为羽毛球，城市户籍学生爱好人数最多的体育项目也是羽毛球。农村户籍、小城镇户籍、城

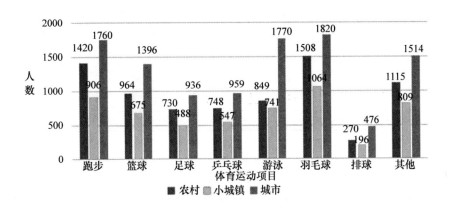

图98 不同户籍的学生体育爱好的差异

市户籍的学生爱好人数最少的体育项目都是排球。

综合上述图表,羽毛球为江苏学生爱好人数最多的体育项目,排球为江苏学生爱好人数最少的体育项目,造成这种现象的原因据猜测为运动普及性的高低差别。此外,爱好人数比较多的运动还包括跑步、游泳等。

23. 你吸烟吗

23-1 不同地域学生吸烟情况

从图中可以看出,苏南经常吸烟的学生占比1.4%,苏北经常吸烟的学生占比2.0%;苏南偶尔吸烟的学生占比1.9%,苏北偶尔吸烟的学生占比3.5%。就吸烟的学生来说,苏南苏北地区的学生并没有明显的差别,苏北学生略高。但总体来说,多数学生是从不吸烟的。

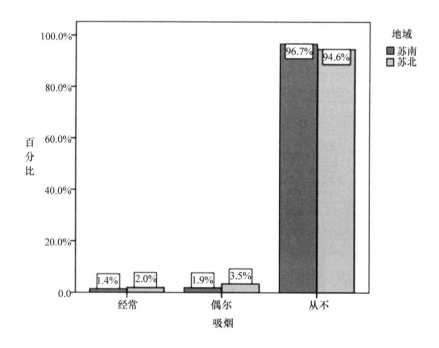

图99 不同地域学生吸烟情况

23 - 2 不同性别学生吸烟情况

从图中可以看出，无论男生还是女生，从不吸烟的占了绝大多数。吸烟的学生中，男生经常吸烟的人数占比 2.8%，偶尔吸烟的占比 4.2%；女生经常吸烟的占比 0.6%，偶尔吸烟的占比 1.3%。综合来看，男生吸烟占比比女生吸烟高了 5.1%。符合一般大众对于吸烟的性别认知。

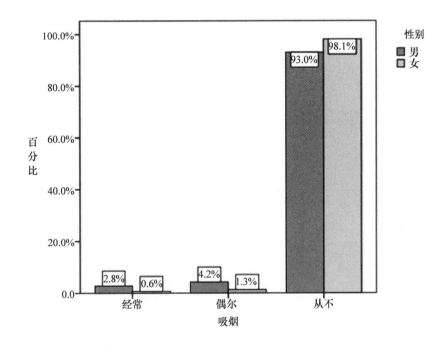

图 100　不同性别学生吸烟情况

23 - 3 不同年级学生吸烟情况

从图中可以看出，各年级阶段的学生从不吸烟的占了绝大多数。小学生经常吸烟人数占比 0.9%，偶尔吸烟人数占比 1.7%；初中生经常吸烟人数占比 1.6%，偶尔吸烟人数占比 2.4%；高中生经常吸烟人数占比 2.9%，偶尔吸烟人数占比 4.6%。总的来说，高中生吸烟人数占比最高，小学生吸烟人数占比最少。

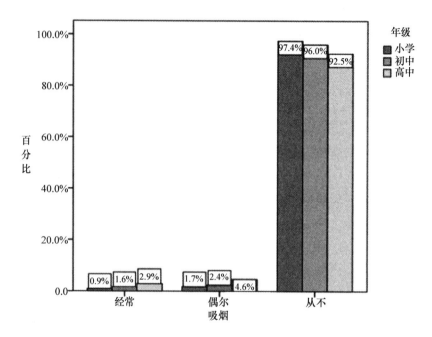

图 101　不同年级学生吸烟情况

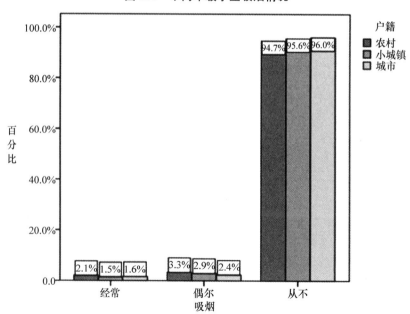

图 102　不同户籍学生吸烟情况

23 - 4 不同户籍学生吸烟情况

从图中可以看出，农村户籍经常吸烟学生人数占比为2.1%，偶尔吸烟人数占比为3.3%；小城镇户籍经常吸烟学生人数占比为1.5%，偶尔吸烟人数占比为2.9%；城市户籍经常吸烟学生人数占比为1.6%，偶尔吸烟人数占比为2.4%。总的来说，吸烟情况受户籍影响非常小，农村户籍吸烟人数占比相对于小城镇户籍和城市户籍来说略高。这可能与农村的学生早当家，人们对学生什么时候才能吸烟的限制比较开放有关。

综合上述图表，绝大多数学生都不吸烟。吸烟情况受到地域、性别、年级以及户籍影响。吸烟的学生中，男学生吸烟情况多于女生，高中生吸烟情况多于小学生和初中生，苏南学生吸烟的情况比苏北学生多。吸烟情况受户籍影响非常小，农村户籍吸烟人数占比相对于小城镇户籍和城市户籍来说略高。

24. 你喝酒吗

24 - 1 不同地域学生喝酒情况

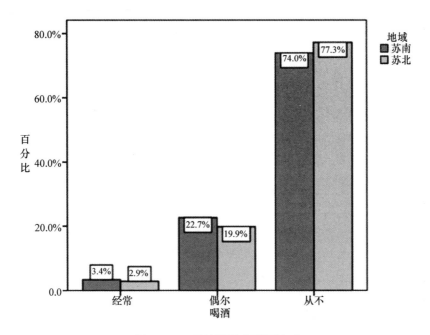

图103　不同地域学生喝酒情况

从图中可以看出，苏南经常喝酒的学生占比 3.4%，苏北经常喝酒的学生占比 2.9%；苏南偶尔喝酒的学生占比 22.7%，比苏北偶尔喝酒的比例高 2.8 个百分点。就喝酒的学生而言，苏南比苏北地区的学生喝酒的情况更多，但总体来说，多数学生是从不喝酒的。

24 - 2 不同性别学生喝酒情况

从图中可以看出，无论男生还是女生，从不喝酒的占了大多数。喝酒的学生中，男生经常喝酒的人数占比 4.6%，偶尔喝酒的占比 22.6%；女生经常喝酒的占比 1.5%，偶尔喝酒的占比 19.4%。由此可见，喝酒有性别差异，男生喝酒的比例比女生高。符合一般大众对于喝酒的性别认知。

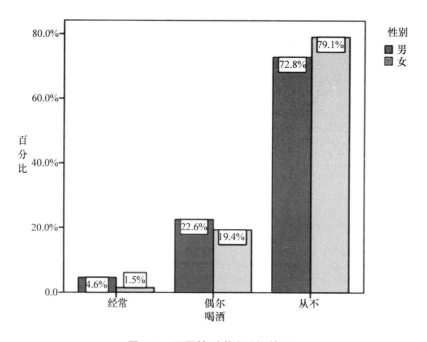

图 104　不同性别学生喝酒情况

24 - 3 不同年级学生喝酒情况

从图中可以看出，各年级阶段的学生从不喝酒的占多数。小学生经常喝酒的人数占 1.8%，偶尔喝酒的人数占 10.8%；初中生经常喝酒的占 2.9%，偶尔喝酒的占 19.6%；高中生经常喝酒以及偶尔喝酒的分别占 4.7% 和 34.4%。总的来说，学生年级越高喝酒越普遍。这可能和人们对什么年龄可以喝酒的刻板印象有关，年龄越小的学生，越被禁止喝酒。

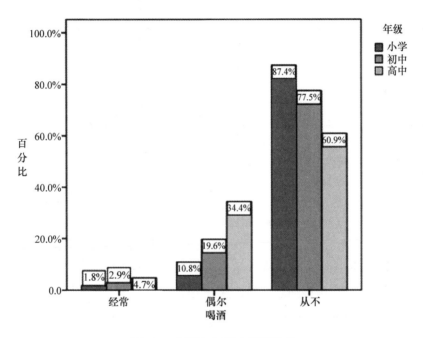

图 105　不同年级学生喝酒情况

24 - 4 不同户籍学生喝酒情况

从图中可以看出，不管什么户籍的学生，多数从不喝酒。在喝酒的学生中，农村户籍经常喝酒学生人数占比为 3.4%，偶尔喝酒人数占比为 21.8%；小城镇户籍经常喝酒学生人数占比为 2.8%，偶尔喝酒人数占比为 20.4%；城市户籍经常喝酒学生人数占比为 2.9%，偶尔喝酒人数占比为 20.8%。由此可见，农村户籍喝酒人数占比相对于小城镇户籍和城市户籍来说略高。这可能与农村的学生早当家，对学生什么时候才能喝酒的限制比较开放有关。

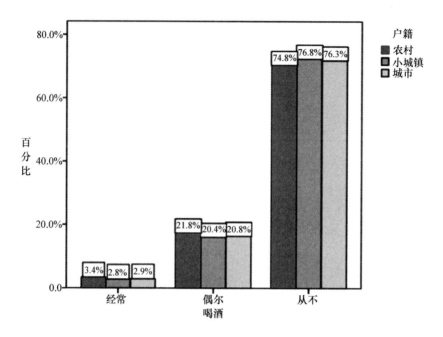

图106　不同户籍学生喝酒情况

综合上述图表，绝大多数学生都不喝酒。喝酒情况受到地域、性别、年级以及户籍影响。喝酒的学生中，男学生喝酒情况多于女生，高中生喝酒情况多于小学生和初中生，苏南学生喝酒的情况比苏北学生多。农村户籍喝酒人数占比相对于小城镇户籍和城市户籍来说略高。

25. 你晚上通常几点睡觉

25－1 不同地域学生晚上睡觉时间

从图中可以看出，苏南地区和苏北地区学生的晚上睡觉时间分布大体相似。苏南地区和苏北地区的主要睡眠时间集中在20—23点这个时间段。两者主要差别在于24点以后睡觉的和21点以前睡觉的情况，具体来说，苏南学生24点以后睡觉的人数占比高于苏北地区，而21点以前睡觉的人数占比少于苏北。其他时间段的情况较为接近。也就是说，苏南地区学生比苏北地区睡觉时间略有推迟。可能与苏南地区经济较为发达，业余生活爱好较为丰富有关。

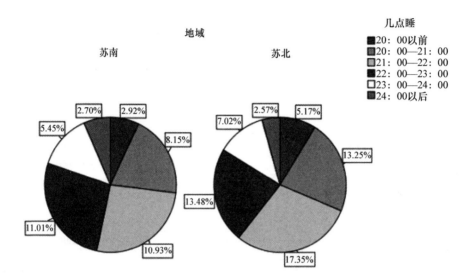

图 107　不同地域学生晚上睡觉时间

25 – 2 不同性别学生晚上睡觉时间

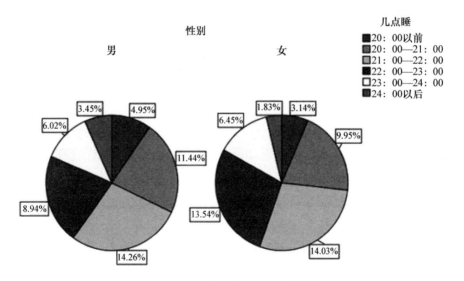

图 108　不同性别学生晚上睡觉时间

从图中可以看出,男女生的晚上睡觉时间分布有些差异。男女生的主要睡眠时间集中在20—23点这个时间段。男生24点以后睡觉以及20点以前睡觉的人数占比高于女生。22—23点这个时间段睡觉的人数占比低于女生。其他时间段的情况较为接近。也就是说,男生睡觉时间相比女生分布得较为分散,女生相对集中。

25 – 3 不同年级学生晚上睡觉时间

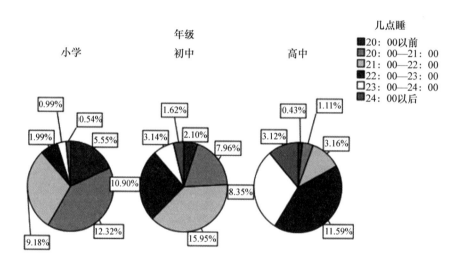

图 109　不同年级学生晚上睡觉时间

从图中可以看出,学生晚上睡觉时间分布因年级不同有所不同。小学生的主要睡眠时间集中在22点以前,其他时间睡觉的情况很少;初中生主要睡觉时间往后推至20—23点,23点之后睡觉的情况相比其他学生也增加许多;高中生主要睡觉时间集中在21点以后,24点之后再睡的情况也明显增加。也就是说,随着年级升高,学生睡觉的时间越来越迟。这与学生放学越来越迟,作业与需要复习的东西越来越复杂和繁重有密切的关系。

25－4 不同户籍学生晚上睡觉时间

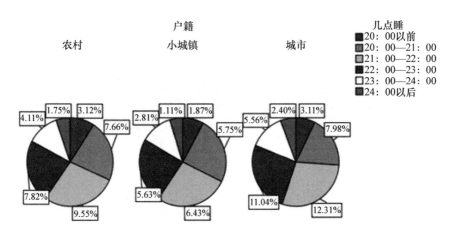

图 110　不同户籍学生晚上睡觉时间

从图中可以看出，不同户籍的学生晚上睡觉时间分布较为接近。学生的主要睡眠时间集中在 20—23 点这个时间段。农村、小城镇的情况比较一致，城市学生睡觉时间略有不同，主要体现在 20—21 点这个时间段的入睡比例降低，21—23 点这个时间段的入睡比例增加。也就是说，城市的学生比农村、小城镇的学生主要睡觉时间略微推迟，区别不明显。一方面可能是因为城市与农村、小城镇的普遍作息时间有所差异；另一方面和城市学生总体学业负担更重或是业余休闲娱乐更丰富有关。

综合上述图表，学生主要睡眠时间集中在 20—23 点这个时间段。受性别和年级的影响，表现在男生睡觉时间相比分散，女生相对集中；年级越高学生睡觉的时间越迟。不同地域和户籍对学生入睡时间影响不大，苏南地区学生比苏北地区学生睡得略迟，城市的学生比农村、小城镇的学生睡得略迟。

26. 你每天睡几个小时

26－1 不同地域学生每天睡觉时长

从图中可以看出，苏南地区和苏北地区学生的每天睡觉时长大体

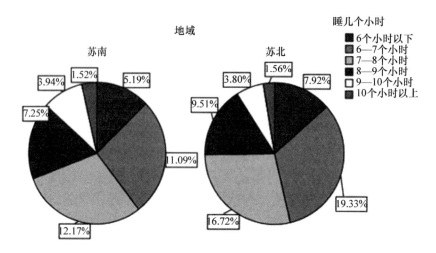

图 111　不同地域学生每天睡觉时长

相似。苏南地区和苏北地区的主要睡眠时长在 6—9 个小时。苏南地区睡觉时长在 9 个小时以上的学生比苏北地区所占比重多。而苏北地区睡觉 6—7 个小时的学生比苏南地区所占比重多。总的来说，苏南地区学生睡得更多。

26 – 2　不同性别学生每天睡觉时间

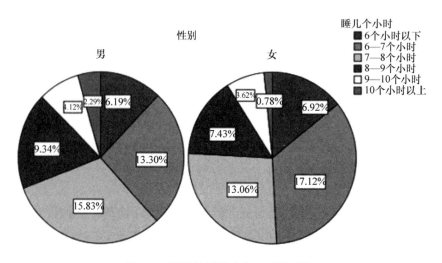

图 112　不同性别学生每天睡觉时间

　　从图中可以看出，男女生的每天睡觉时长有些差异。无论男生还是女生睡眠时长多在6—9个小时。但男生睡7—9个小时的比较多，女生睡7小时以内的比较多。与此同时，睡10个小时以上的男生人数占男生总体的比重多于女生。总的来说，男生每天睡眠时长比女生多。

26－3　不同年级学生每天睡觉时间

　　从图中可以看出，学生每天睡觉时长分布因年级不同有所不同。小学生的睡眠时长多在7—10个小时；初中生睡眠时长多在6—9个小时；高中生睡眠时长多在8个小时以内。也就是说，随着年级升高，学生每天睡觉的时间越来越少。这与学生作业与需要复习的东西越来越复杂和繁重，占据更多的睡觉时间有关。

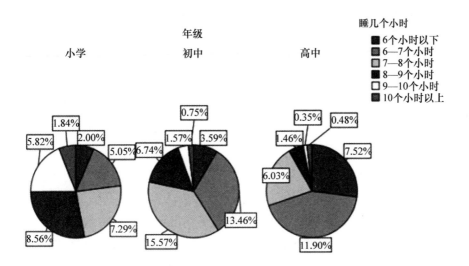

图113　不同年级学生每天睡觉时间

26－4　不同户籍学生每天睡觉时间

　　从图中可以看出，不同户籍的学生每天睡觉时长较为接近。学生的每天睡觉时长多为6—9个小时。农村、小城镇的情况较为一致，城市学生略有不同，主要体现在每天睡觉6个小时以内的学生少，睡

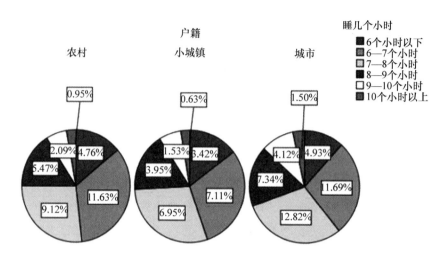

图114　不同户籍学生每天睡觉时间

觉超过 8 个小时的学生多。由此可见，城市的学生比农村、小城镇的学生主要睡觉时间略长。

综合上述图表，学生每天睡觉时长多为 6—9 个小时。睡觉时间受年级影响，年级越高学生每天睡觉的时间越来越少。不同地域、性别和户籍对学生入睡时间影响不大，苏南地区学生比苏北地区学生睡得略多；男生比女生睡得略多；城市的学生比农村、小城镇的学生睡得略多。

27. 你通常睡午觉吗

27 - 1 不同地域学生睡午觉情况

由图中可知，不同地域学生睡午觉的情况不同。苏南地区睡午觉的学生占 40.7%，苏北地区睡午觉的学生占 53.8%，苏南比苏北地区睡午觉的学生少 13.1 个百分点。苏北地区的学生比苏南地区更有睡午觉的习惯。

27 - 2 不同性别学生睡午觉情况

由图中可知，不同性别学生睡午觉的情况不同。睡午觉的男生占男生总数的 45.98%，睡午觉的女生占女生总数的 50.97%，男生比女生少 4.99 个百分点。女生比男生更有睡午觉的习惯。

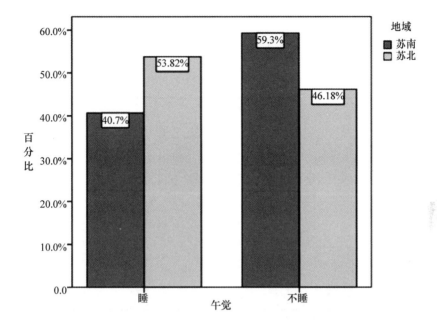

图 115 不同地域学生睡午觉情况

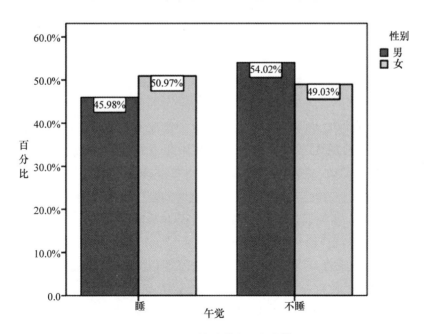

图 116 不同性别学生睡午觉情况

27 - 3 不同年级学生睡午觉情况

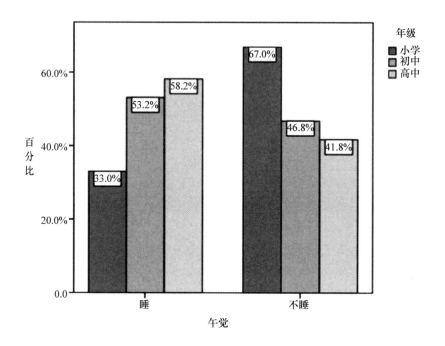

图 117　不同年级学生睡午觉情况

　　由图中可知，不同年级学生睡午觉的情况不同。睡午觉的小学生占小学生总数的 33.0%，睡午觉的初中生占初中生总数的 53.2%，高中生占 58.2%。随着年级升高，睡午觉的学生越多。这可能受到学业压力影响，越是高年级学生，睡眠时间越少，睡觉时间越晚，身心疲倦度高，需要通过午觉的形式去弥补和缓冲。

27 - 4 不同户籍学生睡午觉情况

　　由图中可知，不同户籍的学生睡午觉的情况不同。小城镇和城市睡午觉的学生比例相近，分别为 46.57% 和 45.62%，农村睡午觉的学生达 53.2%，比小城镇和城市高。这可能与农村的生活习惯有关。

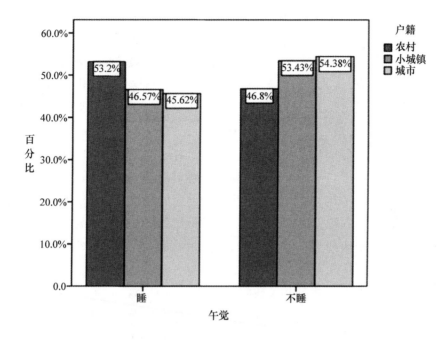

图 118 不同户籍学生睡午觉情况

综合上述图表，学生睡午觉的情况和地域、性别、年级以及户籍有关。苏北地区的学生比苏南地区更有睡午觉的习惯。女生比男生更有睡午觉的习惯。年级越高，睡午觉的学生越多。农村睡午觉的学生比城市和小城镇多。

第三节 心理健康主要状况调查

一 小学生数据分析

（一）国内小学生心理健康研究概况

1. 小学生心理健康相关研究

近年来，小学生心理健康研究越来越受到重视，出现了一批国家级和省级课题，发表了不少的科研论文和论著。综观这些研究，多以小学生心理健康状况调查为主，干预性研究比较少；提出教育建议多，研究操作方法少；研究学生多，研究教师少；研究学校干预得多，研究家庭干预得相对较少。以《中国心理卫生杂志》为例，有关小学生心理健康的文章中为不同学生心理健康状况或问题行为的调查和对比研究，《儿童行为量表》（CBCL）是小学生中使用最多的量表，其他应用比较多的是 EPQ，《韦氏儿童智力量表》（WISC-CR）、《精神疾病的诊断与统计手册》（DSM-Ⅲ，DSM-Ⅲ-R，DSM-Ⅳ）、《心理健康测验》（MHT）、《父母教养方式问卷》（EMBU）和《Rutter 儿童行为量表》等。我国学者在小学生心理健康这一领域已做了许多工作，主要在以下几个方面：小学生心理健康的现状、问题、维护的途径和方法，家庭社会因素与小学生心理健康的相关研究，对弱势群体小学生心理健康研究，心理健康训练方面的研究以及小学生干预性研究。

2. 小学生生活事件相关研究

生活事件是应激源的一种，指的是个体在日常生活中经历的各种紧张性刺激，它极易形成负面的应激反应并对个体的心理健康产生破坏性[1]，是个体出现心理健康问题的重要诱因[2]。以往的研究表明，生活事件与学生的心理健康密切相关[3]。目前国内单独对小学生生活事件进行研究的文章非常少，杜红梅等人[4]调查发现，小学生生活重大事件主要来自学习、人际关系、父母、丧失、受惩罚和健康适应。班永飞等[5]研究了生活事件与小学生亲社会行为的关系，当遇到负性生活事件时，良好的人际关系和适时的社会支持能够促进弱势对象进

---

[1] Folkman S. Personal control and stress and coping processes: a theoretical analysis [J]. *J Pers Soc Psych*, 1984. No. 46 （4）, pp. 839–852.

[2] Mourad MR, Levendosky A, Bogat GA, et al. Family psychopathology and perceived stress of both domestic violence and negative life events as predictors of women's mental health symptoms [J]. *Journal of family violence*, 2008. No. 23 （8）, pp. 661–670.

[3] 胡婷婷、陈友庆：《舟曲灾区青少年负性生活事件与主观幸福感的调查》，《中国健康心理学杂志》2013 年第 9 期，第 1381—1384 页。

[4] 杜红梅、汪红烨、罗毅：《生活重大事件应对方式与小学生人格特质的相关性分析》，《中国学校卫生》2008 年第 3 期，第 203—207 页。

[5] 班永飞、宋娟：《小学生生活事件社会支持和亲社会行为的关系》，《中国学校卫生》2012 年第 10 期，第 1236—1238 页。

行换位思考，激发较多的亲社会行为。

3. 小学生人格相关研究

人格是一个人的能力、气质、性格、动机、兴趣及信念等具有一定倾向性的各种心理特征的总称，反映了人的整个精神面貌。小学阶段是儿童人格发展的重要时期，此阶段，小学生自我意识迅速发展，主人格开始形成，因此重视小学生人格的形成、发展以及完善很有必要。国内对小学生人格的研究主要有以下几个方面：（1）探究影响人格发展的因素，该类研究主要集中于学校、家庭两个方面。其中学校因素包括校园文化、同伴关系、教师期待等。（2）探究个体的创造力、自我概念、学习学业、主观幸福感、心理健康水平等与人格结构之间的关系。（3）特殊人群的人格情况分析，如受虐待小学生、留守儿童以及农村小学生等。（4）小学生人格现状调查。（5）探索健全人格的教育途径和方式。

（二）测量工具

1. 中小学生心理健康量表（Mental Health Test，MHT）[1]

本研究采用华东师大心理系周步成等人修订的含中国常模的《心理健康诊断测验手册》，该测验是对本铃木清等人编制的《不安倾向诊断测验》（GAT）修订（1991）而成，主要适应对象是中小学生。该量表采用二级记分方法，除一个测试量表外，由八个内容量表：A 学习焦虑、B 对人焦虑、C 孤独焦虑、D 自责倾向、E 过敏倾向、F 身体症状、G 恐怖倾向、H 冲动倾向组成。各内容量表分别由 10—15 个题目组成，总共有 100 道题，答案有"是"和"不是"两种，回答"是"的记"1"分，回答"不是"记"0"分（个别题除外）。按照常模将量表的总分转换为标准分，分数越高，表明焦虑程度越高，高于 65 分以上者，说明被试的总体焦虑程度较高，需要制订个人诊断和个人指导计划，以帮助他们及时消除或降低焦虑水平，促进学生身心的健康成长；64 分以下者，需要进一步了解各内容量表得分的情况，如果某项标准分超过 8 分，说明被试在此项目焦虑程度较

---

① 周步成：《心理健康诊断测验手册》，华东师范大学出版社 1991 年版。

高，MHT 量表的分半信度系数（r）为 0.91（$P > 0.01$），重测信度为 0.667—0.863（$P > 0.01$），各分量表与全量表部分的相关系数达到 0.7 以上。相关最低的也达到 0.516。

2. 青少年生活事件量表（Adolescent Self-Rating Life Events Checklist，ASLEC）[1]

采用刘贤臣等人编制的青少年生活事件量表测量学生生活事件发生的应激强度，该量表适用于青少年，尤其是中学生和大学生生活事件应激强度的评定，由 27 个可能引起青少年心理反应的负性生活事件构成。本量表有评定时限，时限的时间为 12 个月。问卷回答的程序为，首先，对每个生活事件先确定在近期是否发生，如果发生，则根据事件发生时的心理感受分为 5 级进行评定，即无影响 1、轻度影响 2、中度影响 3、重度影响 4 和极重度影响 5，如果没有发生，则在未发生一栏选"0"。累积各事件评分为总应激量，可得到 1 个总应激分和 6 个因子分，6 个因子分别是丧失、人际关系、学习压力、受惩罚、健康适应、其他。哪个因子的平均分高，说明该项所包含的负性生活事件的发生率高，且对青少年所造成的心理压力大。ASLEC 的内部一致性信度 0.85，分半信度系数为 0.88，重测信度为 0.69。

3. 艾森克人格问卷（儿童版）（Eysenck Personality Questionaire，EPQ）[2]

EPQ 是由英国心理学家 H. J. Eysenck 与其夫人于 1975 年在先前几个人格调查表的基础上编制而成的。EPQ 有成人和儿童两种问卷，分别测查 16 岁以上成人和 7—15 岁儿童的人格。每种问卷都包括四个分量表，即外内向量表（E）、情绪稳定性量表（N）、精神质量表（P）和效度量表（L），E、N、P 三个量表分别测量人格的内外倾向、情绪稳定性和精神性，L 量表测试受试者的掩饰、假托或自身隐蔽等情况，或者测定其社会朴实幼稚的水平。量表采取是非题的形式，受

---

① 刘贤臣、刘连启、杨杰等：《青少年生活事件量表的信度效度检验》，《中国临床心理学杂志》1997 年第 1 期，第 34—36 页。

② 龚耀先：《修订艾森克个性问卷手册》，湖南医学院出版社 1983 年版。

试者只要回答"是"或"不是"即可。EPQ 具有题目少、测验时间短、简明易做、处理结果简单等特点，因而得到广泛的应用，该问卷已在许多国家得到修订，中文版本比较权威的有两种，一个是陈仲庚等人修订的，另一个是龚耀先等人修订的，它们都有较好的信度和效度。本次调查使用的就是由湖南医学院龚耀先修订的艾森克人格问卷（儿童版）。经验证该量表的信效度较好，各量表重测间隔时间为 1 个月，其相关系数为 0.83—0.90，一致性系数为 0.68—0.81。

（三）数据分析

1. 小学生心理健康结果分析

表1　　　　　　　　　　　小学生学习焦虑与孤独

	学习焦虑	孤独
M	7.67	2.33
SD	3.72	2.34

如表 1 所示，小学生学习焦虑维度平均分为 7.67，标准差为 3.72；孤独倾向维度平均分为 2.33，标准差为 2.34。可以看出，小学生的学习焦虑维度均分偏高，接近 8 分，由此可知小学生对考试较有恐惧心理，学习相对有压力，比较在意考试成绩。这与当今教育体制以分数为导向，导致学校和家长对考试和成绩的高度重视有必然关系。而孤独倾向维度均分接近 3 分，说明小学生普遍爱好社交，喜欢与他人相处。

表2　　　　　　　小学生学习焦虑与孤独的地区差异（LSD）

	苏南与苏北（LSD）	P
学习焦虑	-.19	.18
孤独	-.29	.00

注：均值差的显著性水平为 0.05

从表2可以看出，小学生在学习焦虑维度上没有地区差异（LSD = -0.19，P > 0.05），苏南地区学生和苏北地区学生在面对考试时焦虑程度较为一致。小学生在孤独倾向维度地区差异显著（LSD = -0.29，P < 0.05），苏北地区的小学生和苏南地区相比，更容易孤独，不善与人交往，自我封闭。这与前文调查中得出的苏南地区学生同学关系更好情况相符，这有可能与苏南地区经济更发达，社交渠道和活动更丰富有关。同时也可能受到学生个人因素的影响，如经济不发达意味着学生可能偏内向或是自卑，不愿意主动社交等。与此同时，留守儿童的比例也会增加，也可能导致孤独自闭，下文研究结果也验证了这一点。

表3　　　　小学生学习焦虑与孤独的性别差异（$M \pm SD$）

	男	女	T	P
学习焦虑	7.42 ± 3.78	7.99 ± 3.62	-4.2	.00
孤独	2.48 ± 2.34	2.14 ± 2.33	3.85	.00

注：均值差的显著性水平为 0.05

由表3可知，小学生中，男生学习焦虑平均分为7.42，女生为7.99，小学生在学习焦虑维度上存在显著的性别差异（$T = -4.2$，$P < 0.05$），女生更容易有学习焦虑。有研究[1]认为，考试焦虑的性别差异是因为女性对考试情境产生的情绪性水平更高些，即考试焦虑中性别差异最主要的原因在于情绪性成分，而有研究[2]则发现在认知成分上存在性别差异。

小学生中，男生孤独倾向平均分为2.48，女生为2.14，小学生在孤独倾向维度上存在显著的性别差异（$T = 3.85$，$P < 0.05$），女生更喜欢社交，与他人相处。从女生多以群体或者小圈子的形式社交可

---

① 李芳、白学军：《高中生考试焦虑、自尊和应对方式的现状及关系》，《天津师范大学学报》（基础教育版）2006年第4期，第47—51页。
② 陈顺森：《考试焦虑学生的考试威胁感、学习技巧与归因方式》，《中国健康心理学杂志》2007年第3期，第218—222页。

知，女生更喜欢社交，更喜欢与他人相处。相比男生，女生更有维系
关系与人结伴的需要。这一点可能会让女生更多更积极地去社交，与
他人在一起，以满足内心的需要。

表4　　　　　　　　　　　**小学生学习焦虑的城乡差异**

	学习焦虑	P
农村与城市（*LSD*）	.77	.00
农村与城镇（*LSD*）	.03	.86
城镇与城市（*LSD*）	.74	.00

注：均值差的显著性水平为 0.05

　　通过事后比较可以发现（见表4），农村小学生与城市小学生在
学习焦虑维度上存在显著差异（$LSD = 0.77$，$P < 0.05$），城镇小学生
与城市小学生在学习焦虑维度上同样差异显著（$LSD = 0.74$，$P <
0.05$）。而农村与城镇小学生的学习焦虑情况差异不显著（$P >
0.05$）。即农村和城镇的小学生比起城市的学生更在意考试分数，容
易考试焦虑。这可能与大城市里的小学对补课和学习的要求相对轻
松，竞争意识不强有关。而农村与城镇的一些县中，师资虽然不一定
很好，但特别强调学生苦学博出名校的精神，这样学生就更需要考出
一个好成绩，以考取名校、改变命运等，对考试和分数的重视自然就
会比城市的学生高。

表5　　　　　　　　　　　**小学生孤独的城乡差异**

	孤独	P
农村与城市（*LSD*）	.46	.00
农村与城镇（*LSD*）	.039	.73
城镇与城市（*LSD*）	.42	.00

注：均值差的显著性水平为 0.05

　　通过事后比较可知（见表5），农村小学生与城市小学生在孤独

倾向维度上存在显著差异（$LSD = 0.46$，$P < 0.05$），城镇小学生与城市小学生在孤独倾向维度上同样差异显著（$LSD = 0.42$，$P < 0.05$）。而农村与城镇小学生的孤独倾向情况差异不显著（$P > 0.05$）。即农村和城镇的小学生比起城市的学生更倾向孤独，城市的学生更喜欢社交，与人相处。这与城市学生生活物质条件更好，更有可能追求高层次的需要，学生更自信、更开放有关。而农村或城镇因留守儿童较多，对孤独倾向也有所影响，下文研究结果也验证了这一点。

表6　　　　　　　　留守小学生孤独和学习焦虑差异（$M \pm SD$）

	小学生是否留守儿童		T	P
	是	否		
孤独	2.60 ± 2.30	2.25 ± 2.35	3.42	.00
学习焦虑	7.97 ± 3.70	7.58 ± 3.71	2.37	.02

注：均值差的显著性水平为 0.05

从表6可以看出，是留守儿童的小学生孤独倾向平均分为2.60，非留守儿童的小学生孤独倾向平均分为2.25，是留守儿童的小学生和非留守儿童的小学生在孤独倾向上差异显著（$T = 3.42$，$P < 0.05$），留守儿童的小学生更倾向于孤独自闭，不与他人交往。已有研究表明留守儿童自尊较低[1]，有严重的自卑感[2]，对自身的评价明显偏低，特别是自己的智力、外貌[3]、内向[4]、人际关系和自信心方面显著低于非留守儿童[5]。这些都是决定学生是否有意愿主动社交的

---

① 郝振、崔丽娟：《自尊和心理控制源对留守儿童社会适应的影响研究》，《心理科学》2007 年第 5 期，第 1199—1201 页。

② 范芳、桑标：《亲子教育缺失与"留守儿童"人格、学绩及行为问题》，《心理科学》2005 年第 4 期，第 855—858 页。

③ 赵红、罗建国：《农村留守儿童个性及自我意识状况的对照研究》，《中国健康心理学杂志》2006 年第 14 期，第 633—634 页。

④ 王东宇：《小学"留守孩"个性特征及教育对策初探》，《健康心理学杂志》2002 年第 10 期，第 354—355 页。

⑤ 周宗奎、孙晓军等：《农村留守儿童心理发展与教育问题》，《北京师范大学学报》（社会科学版）2005 年第 1 期，第 71—79 页。

重要因素。故而留守儿童的小学生更倾向于孤独，与已有研究①结果一致。

　　此外，是留守儿童的小学生学习焦虑平均分为 7.97，非留守儿童的小学生学习焦虑平均分为 7.58，是留守儿童的小学生和非留守儿童的小学生在学习焦虑方面差异显著（$T = 2.37$，$P < 0.05$），留守儿童的小学生更容易出现学习焦虑。这有可能和留守儿童没有父母在身边教导与帮助有关。有研究②指出，对于留守儿童来说，由于父母在外，其留在家里的监护人往往疏于顾忌他们学习态度和学习热情的培养，而当其学习过程中遇到困难时，存在较多的困惑和无助，多次受挫后其学习焦虑往往增强。

表7　　　　离异家庭小学生的孤独和学习焦虑差异（$M \pm SD$）

	父母是否离异		T	P
	是	否		
孤独	2.78 ± 2.26	2.30 ± 2.35	2.60	.00
学习焦虑	8.44 ± 3.50	7.63 ± 3.73	2.85	.00

注：均值差的显著性水平为 0.05

　　从表7可以看出，离异家庭的小学生孤独倾向平均分为 2.78，非离异家庭的小学生孤独倾向平均分为 2.30，离异家庭的小学生和非离异家庭的小学生在孤独倾向上差异显著（$T = 2.60$，$P < 0.05$），离异家庭的小学生更倾向于孤独自闭，不与他人交往。与已有研究③结果一致。小学阶段是亲子关系建立的重要时期，这一时期父母离异，使其失去了和父母共同生活的机会，在与父或母生活过程中，感受到

---

　　①　程龙、柳友荣：《巢湖市中小学生心理健康状况调查》，《中国学校卫生》2009 年第 5 期，第 465—466 页。
　　②　刘霞、张跃兵等：《留守儿童心理健康状况的 Meta 分析》，《中国儿童保健杂志》2013 年第 1 期，第 68—70 页。
　　③　王萍：《城市离异家庭与完型家庭子女心理健康状况比较研究》，硕士学位论文，东北师范大学，2007 年。

自己的家庭与同学的家庭不一样，在内心深处有一种自卑感，容易表现出与人不愿交往。

此外，离异家庭的小学生学习焦虑平均分为8.44，非离异家庭的小学生学习焦虑平均分为7.63，离异家庭的小学生和非离异家庭的小学生在学习焦虑方面差异显著（$T = 2.85$，$P < 0.05$），离异家庭的小学生更容易出现学习焦虑。这可能与离异家庭的学生，尤其是小学生，更需要通过学习来证明自己是好孩子，以此挽回家庭或者吸引父母的关注有关。

表8　　跟随父母外出打工的小学生孤独和学习焦虑差异（$M \pm SD$）

| | 是否跟随父母外出打工 | | T | P |
	是	否		
孤独	2.48 ± 2.57	2.32 ± 2.33	2.37	.02
学习焦虑	8.28 ± 3.95	7.63 ± 3.70	.89	.37

注：均值差的显著性水平为0.05

由表8可知，跟随父母外出打工的小学生孤独倾向平均分为2.48，没有跟随父母外出打工的小学生孤独倾向平均分为2.32，跟随父母外出打工的小学生和没有跟随父母外出打工的小学生在孤独倾向上差异显著（$T = 2.37$，$P < 0.05$），跟随父母外出打工的小学生更倾向于孤独自闭，不与他人交往。可能与在外走读、没有稳定居住环境和物质条件的学生，内心自卑，难以形成稳定的人际关系有关。

此外，跟随父母外出打工的小学生学习焦虑平均分为8.28，没有跟随父母外出打工的小学生学习焦虑平均分为7.63，离异家庭的小学生和非离异家庭的小学生在学习焦虑维度没有显著差异（$T = 0.89$，$P > 0.05$）。

综上所述，小学生在孤独倾向存在地区、性别、城乡差异；学习焦虑存在性别、城乡差异；孤独倾向和学习焦虑维度上，留守儿童和非留守儿童有显著差异，留守儿童更倾向于孤独和容易有学习焦虑；孤独倾向和学习焦虑维度上，离异家庭和非离异家庭有显著差异，离异家庭的小学生更倾向于孤独和容易有学习焦虑；是否跟随父母外出打工的孤独倾向维度存在差异，跟随父母外出打工的小学生比不跟随的更有孤独倾向。

2. 小学生生活事件结果分析

表9 小学生生活事件

	人际关系	学习压力	受处罚	丧失	健康适应
M	6.72	5.06	7.20	3.40	2.52
SD	5.56	4.35	7.15	3.98	3.43

如表所示，小学生受处罚因子评分最高，均分为7.20，标准差为7.15；人际关系因子评分其次，均分为6.72，标准差为5.56；之后是学习压力因子均分为5.06，标准差为4.35。丧失因子和健康适应因子均分分别为3.40和2.52。可见小学生受到处罚、人际关系出现问题、学习有压力发生率较高，对其造成较大的心理压力。

表10 小学生各生活事件的地区差异检验（LSD）

	苏南与苏北（LSD）	P
人际关系	.30	.16
学习压力	−.29	.08
受处罚	.29	.28
丧失	−.08	.61
健康适应	.15	.91

注：均值差的显著性水平为0.05

从表可以看出，小学生的人际关系因子地区差异不显著（$P > 0.05$）；学习压力因子地区差异不显著（$P > 0.05$）；受处罚因子地区差异不显著（$P > 0.05$）；丧失因子和健康适应因子地区差异均不显著（$P > 0.05$）。所以，小学生的各项生活事件没有地区差异（$P > 0.05$），苏南地区学生和苏北地区学生在面对这些负性生活事件的频率和受到的心理压力较为一致。

表 11   小学生各生活事件的性别差异（$M \pm SD$）

	男	女	T	P
人际关系	6.96 ± 5.62	6.41 ± 5.46	2.65	.01
学习压力	5.07 ± 4.47	5.05 ± 4.19	.13	.90
受处罚	7.96 ± 7.57	6.26 ± 6.48	6.47	.00
丧失	3.49 ± 4.09	3.28 ± 3.83	1.45	.15
健康适应	2.76 ± 3.61	2.23 ± 3.16	4.24	.00

注：均值差的显著性水平为 0.05

从表可以看出，小学生的人际关系因子男生均分为 6.96，女生均分为 6.41，性别差异显著（$T = 2.65$，$P < 0.05$），男生更容易被人际关系影响并因此产生心理压力；男生的受处罚因子的均分为 7.96，女生为 6.26，性别差异显著（$T = 6.47$，$P < 0.05$），男生更频繁受到处罚；男生健康适应因子的均分为 2.76，女生为 2.23，性别差异显著（$T = 4.24$，$P < 0.05$），男生更容易受到健康适应的影响，产生心理压力；学习压力因子和受处罚因子性别差异均不显著（$P > 0.05$）。总的来说，小学生在人际关系、受处罚和健康适应因子上存在性别差异，男生更容易被影响。

表 12   小学生人际关系的城乡差异

	人际关系	P
农村与城市（LSD）	−.42	.08
农村与城镇（LSD）	−1.44	.00
城镇与城市（LSD）	1.02	.00

注：均值差的显著性水平为 0.05

由表可知，农村的小学生与城市的小学生在人际关系因子上无明显差异（$P > 0.05$）。农村的小学生与城镇的小学生在人际关系因子上差异显著（$P < 0.05$），城镇的小学生更容易被人际关系影响并因此产生心理压力。城镇的小学生与城市的小学生在人际关系因子上差异显著（$P < 0.05$），城镇的小学生更容易被人际关系影响并因此产生心理压力。总的来说，城镇的小学生比农村和城市的小学生更容易被人际关系影响。

表 13　　　　　　　　　　**小学生学习压力的城乡差异**

	学习压力	P
农村与城市（*LSD*）	.26	.17
农村与城镇（*LSD*）	-.58	.01
城镇与城市（*LSD*）	.84	.00

注：均值差的显著性水平为 0.05

由表可知，农村的小学生与城市的小学生在学习压力因子上无明显差异（$P > 0.05$）。农村的小学生与城镇的小学生在学习压力因子上差异显著（$P < 0.05$），城镇学生比农村学生更容易被学习压力影响并因此产生心理压力。城镇的小学生与城市的小学生在学习压力因子上差异显著（$P < 0.05$），城镇学生比城市学生更容易被学习压力影响并因此产生心理压力。总的来说，城镇的小学生比农村和城市的小学生更容易被学习压力影响。

表 14　　　　　　　　　　**小学生受惩罚的城乡差异**

	受惩罚	P
农村与城市（*LSD*）	.13	.67
农村与城镇（*LSD*）	-.26	.45
城镇与城市（*LSD*）	.40	.22

注：均值差的显著性水平为 0.05

从表可得，农村的小学生与城市的小学生在受惩罚因子上无明显差异（$P > 0.05$）。农村的小学生与城镇的小学生在受惩罚因子上无明显差异（$P>0.05$）。城镇的小学生与城市的小学生在受惩罚因子上无明显差异（$P>0.05$）。总的来说，小学生受惩罚并无城乡差异，受到惩罚对于不同户籍的小学生来说影响程度相同。

表15　　　　　　　　　**小学生丧失的城乡差异**

	丧失	P
农村与城市（*LSD*）	.12	.49
农村与城镇（*LSD*）	−.19	.33
城镇与城市（*LSD*）	.31	.09

注：均值差的显著性水平为 0.05

　　从表可得，农村的小学生与城市的小学生在丧失因子上无明显差异（$P>0.05$）。农村的小学生与城镇的小学生在丧失因子上无明显差异（$P>0.05$）。城镇的小学生与城市的小学生在丧失因子上无明显差异（$P>0.05$）。总的来说，小学生丧失并无城乡差异，经历丧失对于不同户籍的小学生来说影响程度相同。

表16　　　　　　　　　**小学生健康适应的城乡差异**

	健康适应	P
农村与城市（*LSD*）	.14	.34
农村与城镇（*LSD*）	−.26	.12
城镇与城市（*LSD*）	.41	.01

注：均值差的显著性水平为 0.05

　　从表可得，农村的小学生与城市的小学生在健康适应因子上无明显差异（$P>0.05$）。农村的小学生与城镇的小学生在健康适应因子上无明显差异（$P>0.05$）。城镇的小学生与城市的小学生在健康适应因子上差异显著（$P<0.05$），城镇学生比城市学生更容易在健康适应问题上受到影响并因此产生心理压力。

表 17　　　　　　　　　留守小学生的生活事件差异（$M \pm SD$）

	小学生是否留守儿童		T	P
	是	否		
人际关系	6.98 ± 5.76	6.64 ± 5.49	1.38	.17
学习压力	5.50 ± 4.49	4.93 ± 4.29	3.00	.00
受处罚	7.90 ± 7.67	6.99 ± 6.97	2.94	.00
丧失	3.79 ± 4.32	3.28 ± 3.86	2.99	.00
健康适应	3.06 ± 3.77	2.35 ± 3.29	4.75	.00

注：均值差的显著性水平为 0.05

从表可以看出，是留守儿童的小学生人际关系因子均分为 6.98，非留守儿童的小学生人际关系因子均分为 6.64，两者无显著差异（$T=1.38$，$P>0.05$）；是留守儿童的小学生学习压力因子均分为 5.50，非留守儿童的小学生学习压力因子均分为 4.93，两者差异显著（$T=3.00$，$P<0.05$），留守儿童小学生更频繁受到学习压力的影响；是留守儿童的小学生受处罚因子均分为 7.90，非留守儿童的小学生受处罚因子均分为 6.99，两者差异显著（$T=2.94$，$P<0.05$），留守儿童小学生更频繁受处罚并因此产生心理压力；是留守儿童的小学生丧失因子均分为 3.79，非留守儿童的小学生丧失因子均分为 3.28，两者差异显著（$T=2.99$，$P<0.05$），留守儿童小学生更容易受到丧失的影响；是留守儿童的小学生健康适应因子均分为 3.06，非留守儿童的小学生健康适应因子均分为 2.35，两者差异显著（$T=4.75$，$P<0.05$），留守儿童小学生更容易受到健康适应的困扰。总的来说，是留守儿童和不是留守儿童的小学生在学习压力、受处罚、丧失和健康适应因子上存在差异，与非留守儿童相比，留守儿童经历了更多的负性生活事件。这一研究结果与诸多研究得出的结论基本一致，表明父母监护的缺失会使儿童经历更多的负性生活事件。留守儿童与非留守儿童在人际关系、学习压力、健康适应、其他因子上的得分差异极其显著。造成这一现象的原因可能是当留守儿童遇到人际、学习、适应等问题时，因为没有父母的及时帮助，使得这些生活事件

的发展没有被及时遏制，对这些事件的应对超出了该阶段儿童的能力，或者因为缺少父母的支持，留守儿童在应对这些生活事件时采取了消极的应对方式[①]，使得该生活事件对留守儿童的负面影响加重。

表18　　　　　　**离异家庭小学生生活事件差异**（$M \pm SD$）

	父母是否离异		T	P
	是	否		
人际关系	8.03 ± 6.21	6.63 ± 5.51	3.27	.00
学习压力	6.36 ± 4.70	4.98 ± 4.31	4.12	.00
受处罚	8.71 ± 7.80	7.11 ± 7.10	2.91	.00
丧失	4.53 ± 4.61	3.33 ± 3.93	3.91	.00
健康适应	3.38 ± 3.78	2.47 ± 3.40	3.43	.00

注：均值差的显著性水平为 0.05

　　从表可以看出，离异家庭的小学生人际关系因子均分为 8.03，非离异家庭的小学生人际关系因子均分为 6.63，两者差异显著（$T = 3.27$，$P < 0.05$），离异家庭的小学生更频繁为人际关系困扰；离异家庭的小学生学习压力因子均分为 6.36，非离异家庭的小学生学习压力因子均分为 4.98，两者差异显著（$T = 4.12$，$P < 0.05$），离异家庭小学生更频繁受到学习压力的影响；离异家庭的小学生受处罚因子均分为 8.71，非离异家庭的小学生受处罚因子均分为 7.11，两者差异显著（$T = 2.91$，$P < 0.05$），离异家庭小学生更频繁受处罚并因此产生心理压力；离异家庭的小学生丧失因子均分为 4.53，非离异家庭的小学生丧失因子均分为 3.33，两者差异显著（$T = 3.91$，$P < 0.05$），离异家庭小学生更容易受到丧失的影响；离异家庭的小学生健康适应因子均分为 3.38，非离异家庭的小学生健康适应因子均分为 2.47，两者差异显著（$T = 3.43$，$P < 0.05$），离异家庭小学生更容易受到健康适应的困扰。总的来说，离异家庭和非离异家庭的小学生

---

① 刘晓慧、李秋丽、王晓娟等：《留守与非留守儿童生活事件与应对方式比较》，《实用儿科临床杂志》2011 年第 23 期，第 1810—1812 页。

在人际关系、学习压力、受处罚和健康适应因子上存在差异，离异家庭的小学生更容易被影响。

表 19　　　跟随父母外出打工小学生的生活事件差异（$M \pm SD$）

	是否跟随父母外出打工		T	P
	是	否		
人际关系	6.84 ± 5.56	6.71 ± 5.56	.33	.74
学习压力	5.73 ± 4.17	5.02 ± 4.36	2.22	.03
受处罚	8.17 ± 7.87	7.14 ± 7.80	1.96	.05
丧失	3.65 ± 4.22	3.38 ± 3.96	.93	.35
健康适应	2.79 ± 3.88	2.50 ± 3.39	1.12	.28

注：均值差的显著性水平为 0.05

　　从表可以看出，人际关系因子上，跟随父母外出打工的小学生均分为 6.84，没有跟随父母外出打工的小学生均分为 6.71，两者差异不显著（$T = 0.33$，$P > 0.05$）；学习压力因子上，跟随父母外出打工的小学生均分为 5.73，没有跟随父母外出打工的小学生均分为 5.02，两者差异显著（$T = 2.22$，$P < 0.05$），跟随父母外出打工的小学生容易受到学习压力的影响；受处罚因子上，跟随父母外出打工的小学生均分为 8.17，没有跟随父母外出打工的小学生均分为 7.14，两者差异不显著（$T = 1.96$，$P = 0.05$）；丧失因子上，跟随父母外出打工的小学生均分为 3.65，没有跟随父母外出打工的小学生均分为 3.38，两者差异不显著（$T = 0.93$，$P > 0.05$）；健康适应因子上，跟随父母外出打工的小学生均分为 2.79，没有跟随父母外出打工的小学生均分为 2.50，两者差异不显著（$T = 1.12$，$P > 0.05$）。总的来说，跟随父母外出打工的小学生比没有跟随的更容易被学习压力所影响，而在人际关系、受处罚、丧失以及健康适应上两者没有差异。

　　综上所述，小学生在人际关系、受处罚和健康适应因子上存在性别差异，男生更容易被影响；小学生在人际关系、学习压力以及健康适应因子上存在城乡差异，城镇学生更容易被影响；是否为留守儿童的小学生在学习压力、受处罚、丧失和健康适应因子上存在差异，留守儿童更容易被影响；是否是离异家庭的小学生在人际关系、学习压力、受处罚和健康适应因子上存在差异，离异家庭的小学生更容易被影响；是否跟随父母外出打工的小学生在学习压力上存在差异，跟随父母外出打工的更容易被学习压力所影响。

3. 小学生 EPQ 结果分析

表 20　　　　　　　　　　　小学生 EPQ 特点描述

	精神质	外倾性	神经质
M	3.13	15.48	6.13
SD	2.54	5.79	5.92

由表可得，小学生精神质均分为 3.13，外倾性均分为 15.48，神经质均分为 6.13。

表 21　　　　　　　　小学生 EPQ 的地区差异检验（*LSD*）

	苏南与苏北（*LSD*）	*P*
精神质	−.09	.37
外倾性	.36	.10
神经质	−.50	.03

注：均值差的显著性水平为 0.05

从表可以看出，小学生精神质维度地区差异不显著，$P > 0.05$；外倾性维度地区差异不显著，$P > 0.05$；神经质地区差异显著，$P < 0.05$，苏南地区小学生比苏北地区小学生情绪更稳定。

表 22　　　　　　　　小学生 EPQ 的性别差异（$M \pm SD$）

	男	女	*T*	*P*
精神质	3.13 ± 2.54	3.14 ± 2.54	−.21	.84

续表

	男	女	T	P
外倾性	15.46 ± 5.89	15.51 ± 5.67	− .21	.83
神经质	5.94 ± 5.83	6.36 ± 6.02	− 1.92	.06

注：均值差的显著性水平为 0.05

从表可以看出，在精神质维度上，男生均分为 3.13，女生均分为 3.14，小学生精神质维度性别差异不显著（$T = -0.21$，$P > 0.05$）；在外倾性维度上，男生均分为 15.46，女生均分为 15.51，外倾性维度性别差异不显著（$T = -0.21$，$P > 0.05$）；在神经质维度上，男生均分为 5.94，女生均分为 6.36，神经质性别差异不显著（$T = -1.92$，$P > 0.05$）。

表 23　　　　　　　　　　小学生精神质的城乡差异

	精神质	P
农村与城市（LSD）	− .05	.67
农村与城镇（LSD）	.09	.48
城镇与城市（LSD）	− .14	.24

注：均值差的显著性水平为 0.05

从表可以看出，在精神质维度上，农村与城市差异不显著，$P > 0.05$；农村与城镇差异不显著，$P > 0.05$；城镇与城市差异不显著，$P > 0.05$。即小学生在精神质上没有城乡差异。

表 24　　　　　　　　　　小学生外倾性的城乡差异

	外倾性	P
农村与城市（LSD）	.37	.14
农村与城镇（LSD）	.24	.39
城镇与城市（LSD）	.12	.63

注：均值差的显著性水平为 0.05

从表可以看出，在外倾性维度上，农村与城市差异不显著，$P >$ 0.05；农村与城镇差异不显著，$P > 0.05$；城镇与城市差异不显著，$P > 0.05$。即小学生在外倾性上没有城乡差异。

表 25   **小学生神经质的城乡差异**

	神经质	P
农村与城市（*LSD*）	.74	.77
农村与城镇（*LSD*）	-.06	.83
城镇与城市（*LSD*）	.14	.60

注：均值差的显著性水平为 0.05

从表可以看出，在神经质维度上，农村与城市差异不显著，$P >$ 0.05；农村与城镇差异不显著，$P > 0.05$；城镇与城市差异不显著，$P > 0.05$。即小学生在神经质上没有城乡差异。

表 26   **留守小学生的人格差异**（$M \pm SD$）

	小学生是否留守儿童		T	P
	是	否		
精神质	3.18 ± 2.60	3.11 ± 2.52	.58	.56
外倾性	15.73 ± 5.74	15.41 ± 5.80	1.29	.20
神经质	6.20 ± 6.06	6.10 ± 5.87	.36	.72

注：均值差的显著性水平为 0.05

从表可以看出，精神质维度上，是留守儿童的小学生均分为 3.18，非留守儿童的小学生均分为 3.11，两者无显著差异（$T = 0.58$，$P > 0.05$）；外倾性维度上，是留守儿童的小学生均分为 15.73，非留守儿童的小学生均分为 15.41，两者无显著差异（$T = 1.29$，$P > 0.05$）；神经质维度上，是留守儿童的小学生均分为 6.20，非留守儿童的小学生均分为 6.10，两者无显著差异（$T = 0.36$，$P > 0.05$）。总的来说，是留守儿童和不是留守儿童的小学生在精神质、外倾性以及神经质维度上均无差异。这与以往研究结果一致①。

表27   离异家庭小学生的人格差异（$M \pm SD$）

	父母是否离异		T	P
	是	否		
精神质	2.89 ± 2.29	3.15 ± 2.56	− 1.33	.19
外倾性	15.99 ± 5.58	15.45 ± 5.80	1.20	.23
神经质	6.28 ± 6.26	6.12 ± 5.89	.36	.72

注：均值差的显著性水平为0.05

从表可以看出，精神质维度上，离异家庭的小学生均分为2.89，非离异家庭的小学生均分为3.15，两者无显著差异（$T = − 1.33$，$P > 0.05$）；外倾性维度上，离异家庭的小学生均分为15.99，非离异家庭的小学生均分为15.45，两者无显著差异（$T = 1.20$，$P > 0.05$）；神经质维度上，离异家庭的小学生均分为6.28，非离异家庭的小学生均分为6.12，两者无显著差异（$T = 0.36$，$P > 0.05$）。总的来说，离异家庭和非离异家庭的小学生在精神质、外倾性以及神经质维度上均无差异。

表28   跟随父母外出打工小学生的人格差异（$M \pm SD$）

	是否跟随父母外出打工		T	P
	是	否		
精神质	3.25 ± 2.75	3.12 ± 2.53	.66	.50
外倾性	15.73 ± 6.04	15.47 ± 5.77	.61	.54
神经质	5.59 ± 5.70	6.16 ± 5.93	− 1.32	.19

注：均值差的显著性水平为0.05

从表中可以看出，精神质维度上，跟随父母外出打工的小学生均

---

① 于鸿雁：《留守儿童人格类型与心理健康水平》，《安庆师范学院学报》（社会科学版）2009年第3期，第64—66页。

分为 3.25，不跟随父母外出打工的小学生均分为 3.12，两者无显著差异（$T = 0.66$，$P > 0.05$）；外倾性维度上，跟随父母外出打工的小学生均分为 15.73，不跟随父母外出打工的小学生均分为 15.47，两者无显著差异（$T = 0.61$，$P > 0.05$）；神经质维度上，跟随父母外出打工的小学生均分为 5.59，不跟随父母外出打工的小学生均分为 6.16，两者无显著差异（$T = -1.32$，$P > 0.05$）。总的来说，跟随父母外出打工和不跟随父母外出打工的小学生在精神质、外倾性以及神经质维度上均无差异。

综上所述，小学生在神经质维度上存在地区差异；小学生在神经质、精神质和外倾性维度上均无性别差异和城乡差异；留守儿童与非留守儿童、离异家庭与非离异家庭、跟随与不跟随父母外出打工的小学生人格状况无显著性差异。

二　中学生数据分析

（一）国内研究概况

1. 中学生心理健康相关研究

心理健康对中学生健康成长有十分重要的意义。现实生活中由心理障碍导致中学生以及中学生成年后的各方面功能障碍，影响一个人的学习、升学、就业、恋爱等方面，这让老师和家长对中学生的心理健康十分重视。近年来，对中学生心理健康方面的相关研究也是众多学者以及教育工作者的研究热点之一，也发表了相当数量的论文和课题研究成果。总的来说，目前国内学者对中学生心理健康方面的相关研究主要集中在：中学生心理健康水平的现状研究，家庭因素（家庭教养方式、家庭氛围等）与中学生心理健康的相关研究，偏远地区或弱势群体的中学生心理健康研究，城乡中学生心理健康水平的对比研究，干预训练对中学生心理健康的效用以及中学生的应对方式与中学生心理健康相关研究等。总的来说，对中学生心理健康的现状描述研究较多，几乎占所有相关文献的一半，与此同时，中学生心理健康与社会支持、中学生人格、中学生应对方式相关研究不多，对中学生心理健康的干预研究也较少。中学生中比较常用的量表有《症状自评量表》（SCL90）、《中学生应对方式量表》、《心理健康测验》（MHT）、《中学生应对方式量表》以及《埃森克人格问卷》（EPQ）等。

2. 中学生生活事件相关研究

生活事件是一种应激源，指的是个体在日常生活中经历的各种紧张性刺激，它极易形成负面的应激反应并对个体的心理健康产生破坏性。生活事件产生的紧张感需要个体逐步消除而达到身心适应。当生活事件影响没能消除并积累到一定程度时，个体就可能出现躯体或精神方面的问题[①]。目前国内对中学生生活事件相关研究还很薄弱，发表的文献不是很多。有研究表明，生活事件与中学生的心理健康水平关系十分密切[②]。Garnefski、Kraaij 等人[③]的研究发现，生活事件与焦虑、抑郁之间存在广泛的显著性相关。王苗苗[④]等人通过对中学生生活事件、自我控制与现实、网络偏差行为的相关研究，发现生活事件影响中学生的现实和网络偏差行为。马伟娜、徐华[⑤]的研究发现，中学生生活事件与自我效能存在负相关关系，而与中学生的抑郁焦虑情绪存在显著正相关，其中生活事件中有关人际关系的因子对情绪的影响较大。这也和上述 Garnefski、Kraaij 等人的研究结果相互印证。吴昊[⑥]研究了中学生生活事件对其心理健康状况的影响，结果发现生活事件的方方面面都与中学生的心理健康有显著相关，其中人际关系对中学生的心理健康影响最为突出。姚梅玲[⑦]等人的研究发现，在中学

① 刘广珠：《577 名大学生获得社会支持情况的调查》，《中国心理卫生杂志》1998 年第 3 期，第 175—176 页。

② 陈燕、金岳龙等：《中学生的亚健康状况与应激性生活事件、应对方式》，《中国心理卫生杂志》2012 年第 4 期，第 257—261 页。

③ Paykel ES. Life events and affective disorders. Acta Psychiatr Scand, 2003, No. 108, pp. 61－66.

④ 王苗苗、相青等：《中学生生活事件、自我控制与现实、网络行为偏差的关系》，《中国健康心理学杂志》2016 年第 6 期，第 936—939 页。

⑤ 马伟娜、徐华等：《中学生生活事件、自我效能与焦虑抑郁情绪的关系》，《中国临床心理学杂志》2006 年第 3 期，第 303—305 页。

⑥ 吴昊：《中学生生活事件对心理健康状况的影响》，《甘肃联合大学学报》（社会科学版）2004 年第 4 期，第 91—93 页。

⑦ 姚梅玲、赵悦淑等：《家庭类型对中学生生活事件的影响分析》，《河南医学研究》2008 年第 1 期，第 63—65 页。

生生活事件的所有因子中，排在前三位的是人际关系、受惩罚和学习压力。从上述的文献中可以看出人际关系这一生活事件是中学生生活中很重要的一部分，其对中学生心理健康状况的影响是很显著的。

3. 中学生应对方式相关研究

应对是个体面临压力时为减轻其负面影响而作出的认知和行为的努力过程。个体的应对方式是个体的稳定因素与情境因素交互作用的结果[1]。应对方式是人对应激事件或生活事件的一种反应，适宜的应对可以缓解人们面对应激事件时的紧张状态，直接影响问题的解决，从而也对维持心理健康发挥着很重要的作用。

国内对中学生应对方式的研究还不多，主要集中在近十年。而且，目前对应对方式的研究主要集中在几个方面：中学生应对方式的特点、中学生应对方式和父母养育方式的关系、中学生应对方式与心理健康水平的相关研究、中学生应对方式与人格特点和应激源的关系等。张秋艳、张卫[2]等人在对中学生情绪智力与应对方式的研究中发现，中学生采用的应对方式主要是：问题解决、退避、忍耐、发泄、求助、幻想，而且女生比男生更多采用退避、求助和发泄的方式，这和黄希庭等人的研究结果也基本一致。中学生的这六种应对方式与情绪智力均有显著正相关。一些研究[3]发现，中学生的应对方式对其心理健康有影响作用，同时生活学习中采取消极应对方式的中学生，其心理问题更多。自我效能感对中学生会采取哪种应对方式有预测作用，自我效能感高的学生较多采取问题解决和寻求外部支持的应对方式，较少采取消极评价的应对方式[4]。中学生的应对方式还与心理控制源有相关性，外控型的中学生更倾向于采取自责、幻想、退避等消

---

[1] 黄希庭、余华等：《中学生应对方式的初步研究》，《心理科学》2000 年第 1 期，第 1—5 页。

[2] 张秋艳、张卫等：《中学生情绪智力与应对方式的关系》，《中国心理卫生杂志》2004 年第 8 期，第 544—546 页。

[3] 崔哲、张建新等：《中学生家庭教养模式及应对方式与其心理健康的关系》，《中国临床心理学杂志》2005 年第 2 期，第 180—182 页。

[4] 李育辉、张建新等：《中学生的自我效能感、应对方式及二者的关系》，《中国心理卫生杂志》2004 年第 10 期，第 711—713 页。

极的方式回避应激事件；而内控型的中学生则倾向于采取求助等有助于问题解决、缓解应激状况的主动应对方式①。

4. 中学生人格相关研究

人格是指决定个体的外显行为和内隐行为并使其与他人的行为有稳定区别的综合心理特征。人格作为个体心理特征的整合，是一个相对稳定的结构组织，包括一个人的性格和气质两部分。根据埃里克森对人格阶段的划分，中学生在此阶段的任务是发展自我同一性，让中学生有明确的自我观念和自我追求的方向。因此，人格这一议题对处于青春期的中学生来说是至关重要的，影响他们的价值观的形成以及一生的发展。

对中学生人格的研究也是国内学者和教育从事者研究的热点，近十年来，每年发表的相关文献不下万篇，主要集中在这几块：中学生人格发展的现状及特点研究，中学生人格与学习动机、学业成就及学习倦怠等方面的研究，中学生人格与自尊的关系，中学生人格与心理健康状况的关系研究以及中学生人格与主观幸福感的关系研究等。有研究②指出，中学生人格发展状况不容乐观，检出率较高。人格是心理健康的重要影响因素，其中神经质、精神质对心理健康有正向预测作用，内外倾性格对心理健康有负向预测作用③。不仅如此，中学生的人格类型与心理障碍及自杀意念的产生都有相关性，其中 N 型、P 型及不稳定型人群中较易发生心理障碍④。肖三蓉、徐光兴⑤发现中学生人格特质存在显著的性别差异，女生在人际交往中更具亲和力、

① 姚梅玲、刘丽等：《中学生应对方式、心理控制源与自我效能感研究》，《医药论坛杂志》2007 年第 7 期，第 40—41 页。
② 聂衍刚、郑雪等：《中学生人格特点和发展现状的研究》，《心理科学》2004 年第 4 期，第 1019—1022 页。
③ 赵伟柱、张守臣等：《初中生人格与心理健康》，《黑龙江教育学院学报》2008 年第 7 期，第 68—70 页。
④ 许晖、安爱华等：《中学生心理健康状况及人格类型分析》，《上海预防医学杂志》2004 年第 6 期，第 283—285 页。
⑤ 肖三蓉、徐光兴：《中学生人格特质的性别差异研究》，《中国临床心理学杂志》2007 年第 3 期，第 276—278 页。

情感丰富，诚信、重感情等内在品质更为突出，利益导向更低；男生则情绪更稳定、更有目标。中学生的人格因素可以直接影响其社会适应性①，影响中学生的社会交往等。有研究②发现中学生的人格因素还与学习倦怠有关，精神质、神经质与学习倦怠各个因子及总分有显著的正相关关系，而内外向性格则与学习倦怠的诸因子及总分呈极其显著的负相关。

（二）测量工具

1. 症状自评量表（Self-reporting Inventory，SCL_ 90）③

症状自评量表是以 Derogatis 编制的 Hopkin's 症状清单为基础，包含 90 个项目的自评表。该量表包含有较广泛的精神病症状学内容，从感觉、情感、思维、意识、行为直至生活习惯、人际关系、饮食睡眠等，均有涉及，并采用 10 个因子分别反映 10 个方面的心理症状情况。它的每一个项目均采取 5 级评分制，分别是无、轻度、中度、相当重和严重。SCL_ 90 量表具有容量大、反应症状丰富、更能准确刻画被试的自觉症状等优点。该量表适用于 16 岁以上的对象，对心理症状的人有良好的区分能力，包含九个因子，分别为：躯体化、强迫症状、人际关系敏感、抑郁、焦虑、敌对、恐怖、偏执及精神病性。SCL_ 90 的统计指标主要为两项，即总分与因子分。采用同质性信度与分半信度来考察该量表的信度，结果表明，同质性信度在 0.6346—0.8563，斯皮尔曼分半信度在 0.6190—0.8503，这表明 SCL_ 90 有较好的信度。SCL_ 90 量表各分量表与总量表分的相关在 0.692—0.897，其中五个分量表与总量表的相关在 0.850 以上。这表明该量表的效度也比较好。

2. 中小学生心理健康量表（Mental Health Test，MHT）④

本研究采用华东师大心理系周步成等人修订的含中国常模的《心

---

① 张守臣、宋文琼：《中学生人格和认知风格与社会适应性关系》，《心理科学》2010 年第 1 期，第 113—117 页。

② 杨丽娴、连榕等：《中学生学习倦怠与人格关系》，《心理科学》2007 年第 6 期，第 1049—1412 页。

③ 谢华、戴海崎：《SCL_ 90 量表评价》，《精神疾病与精神卫生》2006 年第 2 期，第 156—159 页。

④ 周步成：《心理健康诊断测验手册》，华东师范大学出版社 1991 年版，第 5 页。

理健康诊断测验》，是对本铃木清等人编制的《不安倾向诊断测验》（GAT）修订（1991）而成，主要适应对象是中小学生。该量表采用二级记分方法，除一个测试量表外，由八个内容量表：A 学习焦虑、B 对人焦虑、C 孤独焦虑、D 自责倾向、E 过敏倾向、F 身体症状、G 恐怖倾向、H 冲动倾向组成。各内容量表分别由 10—15 个题目组成，总共有 100 道题，答案有"是"和"不是"两种，回答"是"的记"1"分，回答"不是"记"0"分（个别题除外）。按照常模将量表的总分转换为标准分，分数越高，表明焦虑程度越高，高于 65 分以上者，说明被试的总体焦虑程度较高，需要制订个人诊断和个人指导计划，以帮助他们及时消除或降低焦虑水平，促进学生身心的健康成长；64 分以下者，需要进一步了解各内容量表得分的情况，如果某项标准分超过 8 分，说明被试在此项目焦虑程度较高，MHT 量表的分半信度系数（r）为 0.91（$P > 0.01$），重测信度为 0.667—0.863（$P > 0.01$），各分量表与全量表部分的相关系数达到 0.7 以上。相关最低的也达到 0.516。

3. 生活事件量表（Life Event Scale，LES）[①]

采用刘贤臣等人编制的青少年生活事件量表测量学生生活事件发生的应激强度，该量表适用于青少年，尤其是中学生和大学生生活事件应激强度的评定，由 27 个可能引起青少年心理反应的负性生活事件构成。本量表有评定时限，时限的时间为 12 个月。问卷回答的程序为，首先，对每个事件先确定该事件在限定时间内是否发生，如果发生，则根据事件发生时的心理感受分为 5 级进行评定，即无影响 1、轻度影响 2、中度影响 3、重度影响 4 和极重度影响 5，如果没有发生，则在未发生选项上选"0"。累积各事件评分为总应激量，可得到 1 个总应激分和 6 个因子分，6 个因子分别是丧失、人际关系、学习压力、受惩罚、健康适应、其他。哪个因子的平均分高，说明该项所包含的负性生活事件的发生率高，且对青少年所造成的心理压力

[①] 刘贤臣、刘连启、杨杰等：《青少年生活事件量表的信度效度检验》，《中国临床心理学杂志》1997 年第 1 期，第 34—36 页。

大。ASLEC 的内部一致性信度 0.85，分半信度系数为 0.88，重测信度为 0.69。

4. 应对方式问卷（Coping Style Questionaire，CSQ）①

目前，我国通用的应对方式问卷是由肖计划等人参照国外应对方式问卷的内容以及相关理论，并根据我国的文化背景编制而成。该量表共包含 62 个项目，分为 6 个分量表，分别为解决问题、自责、求助、幻想、退避、合理化。它适用于 14 岁以上有着初中及以上文化程度的被试，可以解释个体或群体的应对方式类型和应对行为特点，比较不同个体或群体的应对行为差异，不同类型的应对方式还可以反映人的心理发展成熟的程度。应对方式问卷是自陈式个体应对行为评定量表，每个条目有"是""否"两个选项，若选择"是"还要对后面的"有效""比较有效""无效"作出评估。计分方式主要采取因子分，计算出各分量表的因子分。肖计划编制的应对方式问卷中，通过因子分析发现因子提取的特征值在 1 以上，构成各因子条目的因素负荷值在 0.35 及以上，说明该问卷有很好的构造效度。各分量表的各因子分的再测信度系数均在 0.62 以上，说明该量表具有较好的信度。

5. 艾森克人格问卷（儿童版）（Eysenck Personality Questionaire，EPQ）②

EPQ 是由英国心理学家 H. J. Eysenck 与其夫人于 1975 年在先前几个人格调查表的基础上编制而成的。EPQ 有成人和儿童两种问卷，分别测查 16 岁以上成人和 7—15 岁儿童的人格。每种问卷都包括四个分量表，即外内向量表（E）、情绪稳定性量表（N）、精神质量表（P）和效度量表（L），E、N、P 三个量表分别测量人格的内外倾向、情绪稳定性和精神性，L 量表测试受试者的掩饰、假托或自身隐蔽等情况，或者测定其社会朴实幼稚的水症。量表采取是非题的形式，受

---

① 龚耀先：《修订艾森克个性问卷手册》，湖南医学院出版社 1983 年版。

② 肖计划、许秀峰：《应付方式问卷效度与信度研究》，《中国心理卫生杂志》1996 年第 4 期，第 164—168 页。

试者只要回答"是"或"不是"即可。EPQ 具有题目少、测验时间短、简明易做、处理结果简单等特点，因而得到广泛的应用，该问卷已在许多国家得到修订，中文版本比较权威的有两种，一个是陈仲庚等人修订的，另一个是龚耀先等人修订的，它们都有较好的信度和效度。本次调查使用的就是由湖南医学院龚耀先修订的艾森克人格问卷（儿童版）。经验证该量表的信效度较好，各表间隔 1 个月重测，其相关系数为 0.83—0.90，一致性系数为 0.68—0.81。

（三）数据分析

1. 症状自评测验

表 29　　　　　　　　　　中学生 SCL_ 90 的因子分布

项目	$M \pm SD$	项目	$M \pm SD$
躯体化	1.68 ± 1.68	敌对	1.53 ± 1.84
强迫	1.80 ± 1.75	恐怖	1.58 ± 1.99
人际	2.35 ± 2.01	偏执	1.49 ± 1.94
抑郁	1.29 ± 1.92	精神病性	1.18 ± 1.91
焦虑	1.97 ± 2.03		

如表所示，中学生 SCL_ 90 各因子分为：躯体化维度平均分为 1.68，标准差为 1.68；强迫维度平均分为 1.80，标准差为 1.75；人际维度平均分为 2.35，标准差为 2.01；抑郁维度平均分为 1.29，标准差为 1.92；焦虑维度平均分为 1.97，标准差为 2.03；敌对维度平均分为 1.53，标准差为 1.84；恐怖维度平均分为 1.58，标准差为 1.99；偏执维度平均分为 1.49，标准差为 1.94；精神病性维度平均分为 1.18，标准差为 1.91。由此可见，中学生的人际、焦虑、恐怖、躯体化这四个维度的得分都偏高，这说明中学生的人际关系敏感，容易在人际交往中体验到不自在，容易焦虑，内心有不安宁感，体现出坐立不安，内心焦躁，同时伴有不同程度的躯体不适症状。这些都说明了目前的中学生虽然精神病性症状较少，但心理健康状况不容乐观，普遍都体验着心理压力和心理问题。

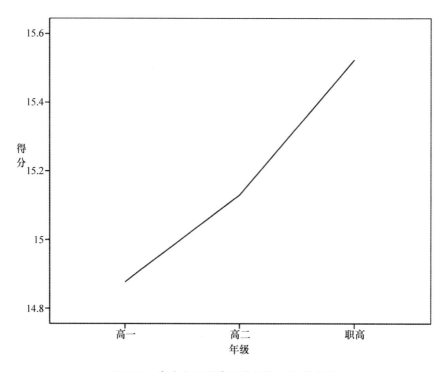

图119 高中生和职高生的 SCL_ 90 的差异

在 SCL_ 90 中，得分大于等于 1 分的为阳性项目，中度是大于等于 3 分的项目数，阴性项目数加阳性项目数一共为 90 项。每个项目按症状的严重程度实行五级评分：没有（0 分）、很轻（1 分）、中度（2 分）、偏重（3 分）、严重（4 分）。按全国常模结果，阳性项目数超过 43 项，可考虑筛选阳性，从调查结果来看，轻度阳性心理症状检出率为 60.8%，中度阳性以上检出率为 8.4%。

从上图来看，职高生比高中生心理健康程度更差，说明中职生心理健康教育相对滞后薄弱，存在着许多问题。

表30 中学生 SCL_ 90 的区域差异

项目	苏南	苏中	苏北
躯体化（$M \pm SD$）	1.64 ± 1.65	1.79 ± 1.78	1.67 ± 1.65

续表

项目	苏南	苏中	苏北
强迫 (*M ± SD*)	1.79 ± 1.74	1.87 ± 1.83	1.78 ± 1.74
人际 (*M ± SD*)	2.32 ± 2.01	2.43 ± 2.04	2.34 ± 2.00
抑郁 (*M ± SD*)	1.30 ± 1.92	1.36 ± 1.97	1.25 ± 1.89
焦虑 (*M ± SD*)	1.94 ± 2.01	2.09 ± 2.09	1.95 ± 2.03
敌对 (*M ± SD*)	1.54 ± 1.86	1.65 ± 1.90	1.47 ± 1.80
恐怖 (*M ± SD*)	1.53 ± 1.93	1.71 ± 2.14	1.57 ± 1.98
偏执 (*M ± SD*)	1.45 ± 1.90	1.63 ± 2.05	1.47 ± 1.92
精神病性 (*M ± SD*)	1.17 ± 1.90	1.32 ± 2.04	1.14 ± 1.87

由上表所示，从 SCL_ 90 的各维度得分来看，苏南与苏北的得分大致相当，而苏中地区的得分都要显著高于苏南和苏北地区。这反映出，相比于苏南和苏北的中学生，苏中地区的中学生心理健康状况更差。这可能与苏中地区经济条件较差，人们普遍重视教育，认为读书是他们一条很重要的出路，因而较少关注中学生的心理发展状况有关。

表31　　　　　　　**中学生 SCL_ 90 的性别差异**

项目	男	女	*T*	*P*
躯体化 (*M ± SD*)	1.66 ± 1.67	1.69 ± 1.68	− .77	.44
强迫 (*M ± SD*)	1.83 ± 1.80	1.77 ± 1.71	1.35	.17
人际 (*M ± SD*)	2.34 ± 2.01	2.35 ± 2.00	− .24	.81
抑郁 (*M ± SD*)	1.32 ± 1.96	1.26 ± 1.87	1.37	.17
焦虑 (*M ± SD*)	1.98 ± 2.05	1.96 ± 2.01	.40	.68
敌对 (*M ± SD*)	1.52 ± 1.85	1.53 ± 1.84	− .28	.78
恐怖 (*M ± SD*)	1.57 ± 1.99	1.59 ± 1.99	− .56	.57
偏执 (*M ± SD*)	1.50 ± 1.98	1.48 ± 1.90	.57	.57
精神病性 (*M ± SD*)	1.19 ± 1.96	1.17 ± 1.86	.37	.71

注：均值差的显著性水平为 0.05

如上表所示，男、女中学生在躯体化、强迫、人际、抑郁、焦虑、敌对、恐怖、偏执、精神病性这 9 个维度上的得分均没有显著差异（$P > 0.05$）。这说明现在的中学生，不论男生还是女生，都面临一样的心理发展任务和一样的心理环境。由于现在大多是独生子女，因此没有很明显的性别差异，都是一样教育和培养，因此男女生的心理健康状况没有明显差异，男女生的心理发展状况是一致的。

表 32　　　　　　　　　中学生 SCL_ 90 的城乡差异

项目	农村	城市	P
躯体化（$M \pm SD$）	1.72 ± 1.74	1.66 ± 1.63	.18
强迫（$M \pm SD$）	1.81 ± 1.80	1.80 ± 1.74	.89
人际（$M \pm SD$）	2.38 ± 2.03	2.32 ± 2.01	.25
抑郁（$M \pm SD$）	1.33 ± 1.96	1.29 ± 1.90	.41
焦虑（$M \pm SD$）	2.00 ± 2.06	1.94 ± 2.03	.30
敌对（$M \pm SD$）	1.51 ± 1.87	1.55 ± 1.84	.39
恐怖（$M \pm SD$）	1.60 ± 2.04	1.56 ± 1.96	.49
偏执（$M \pm SD$）	1.53 ± 1.97	1.48 ± 1.94	.42
精神病性（$M \pm SD$）	1.21 ± 1.94	1.16 ± 1.88	.33

注：均值差的显著性水平为 0.05

如表所示，来自农村和城市的中学生在躯体化、强迫、人际、抑郁、焦虑、敌对、恐怖、偏执、精神病性这 9 个维度上得分均没有显著差异（$P > 0.05$）。这说明中学生的心理健康发展状况不存在显著的城乡差异，城乡中学生的心理健康状况具有一致性。这可能与江苏的城市化进程有关，江苏省的经济发展迅猛，城乡差异进一步缩小。在很多城镇，城市和农村的差异已经很微小了，尤其在教育这一块，城乡教育资源共享，师资水平相当，教育资源和教育机会都是平等的，城乡发展具有的一致性导致了城乡中学生心理发展状况的一致性。

表33 留守中学生 SCL_ 90 差异（$M \pm SD$）

项目	中学生是否留守		P
	是	否	
躯体化（$M \pm SD$）	1.75 ± 1.76	1.66 ± 1.64	.05
强迫（$M \pm SD$）	1.80 ± 1.82	1.79 ± 1.73	.84
人际（$M \pm SD$）	2.37 ± 2.05	2.34 ± 1.99	.61
抑郁（$M \pm SD$）	1.32 ± 1.99	1.28 ± 1.89	.44
焦虑（$M \pm SD$）	2.01 ± 2.08	1.95 ± 2.01	.26
敌对（$M \pm SD$）	1.51 ± 1.90	1.53 ± 1.82	.73
恐怖（$M \pm SD$）	1.60 ± 2.02	1.57 ± 1.98	.67
偏执（$M \pm SD$）	1.52 ± 1.98	1.48 ± 1.92	.51
精神病性（$M \pm SD$）	1.22 ± 1.95	1.16 ± 1.89	.29

注：均值差的显著性水平为0.05

如表所示，留守中学生和非留守中学生在强迫、人际、抑郁、焦虑、敌对、恐怖、偏执和精神病性维度上均不存在显著差异（$P > 0.05$），而在躯体化这一维度上存在显著差异（$P = 0.05$）。究其原因，主要是留守中学生的生活环境比较恶劣，缺少父母的照顾，因此他们的生活状况比较糟糕。由于父母不在身边，爷爷奶奶年迈，不能很好地照顾到他们的生活起居，也不能很好地对他们的生活作息进行监管。留守中学生可能会过度依赖手机等电子产品，睡眠时间不足，从而产生一些躯体上的症状。这与前文的调查中，也得出农村学生比城市学生更多地存在失眠的结论一致。

表34 离异家庭中学生 SCL_ 90 差异（$M \pm SD$）

项目	是否离异家庭		P
	是	否	
躯体化（$M \pm SD$）	1.73 ± 1.68	1.67 ± 1.68	.42
强迫（$M \pm SD$）	1.82 ± 1.77	1.80 ± 1.75	.71
人际（$M \pm SD$）	2.33 ± 2.06	2.35 ± 2.00	.81

续表

项目	是否离异家庭		P
	是	否	
抑郁（$M \pm SD$）	1.38 ± 2.04	1.28 ± 1.90	.22
焦虑（$M \pm SD$）	1.98 ± 2.13	1.96 ± 2.02	.88
敌对（$M \pm SD$）	1.55 ± 1.97	1.52 ± 1.83	.73
恐怖（$M \pm SD$）	1.54 ± 1.99	1.58 ± 1.99	.62
偏执（$M \pm SD$）	1.49 ± 1.94	1.49 ± 1.94	.98
精神病性（$M \pm SD$）	1.18 ± 1.88	1.12 ± 1.91	.45

注：均值差的显著性水平为 0.05

如表所示，离异家庭的中学生和非离异家庭的中学生在躯体化、强迫、人际、抑郁、焦虑、敌对、恐怖、偏执和精神病性维度上均不存在显著差异（$P > 0.05$）。当然，并不是说离异家庭的中学生就一定会有心理问题。父母离异的原因各不相同，这与父母是不是离异不存在直接的关系，而与父母是否关心爱护他们有关系。如果离异家庭的父母能很好地陪伴孩子，关心孩子，给予他们爱和温暖，这些孩子也可以很健康地成长的。

表 35　　　　跟随父母外出打工中学生 SCL_ 90 差异（$M \pm SD$）

项目	是否跟随父母外出打工		P
	是	否	
躯体化（$M \pm SD$）	1.75 ± 1.79	1.67 ± 1.66	.27
强迫（$M \pm SD$）	1.95 ± 1.91	1.78 ± 1.74	.03
人际（$M \pm SD$）	2.44 ± 2.08	2.34 ± 2.00	.24
抑郁（$M \pm SD$）	1.39 ± 2.00	1.28 ± 1.91	.18
焦虑（$M \pm SD$）	2.08 ± 2.06	1.96 ± 2.03	.19
敌对（$M \pm SD$）	1.68 ± 1.94	1.51 ± 1.83	.04
恐怖（$M \pm SD$）	1.62 ± 2.04	1.57 ± 1.98	.64
偏执（$M \pm SD$）	1.62 ± 2.02	1.48 ± 1.93	.12
精神病性（$M \pm SD$）	1.28 ± 1.97	1.17 ± 1.91	.21

注：均值差的显著性水平为 0.05

　　如表所示，跟随父母外出打工的中学生与未跟随父母外出打工的中学生在躯体化、人际、抑郁、焦虑、恐怖、偏执、精神病性均不存在差异（$P > 0.05$），而在强迫维度上有显著差异（$P < 0.05$），在敌对维度上也存在显著差异（$P < 0.05$）。

　　跟随父母外出打工的中学生，居住条件较差，没有一个稳定的住所，而且居住环境较差，在城市里也容易受到别人的歧视，不能接受公平的教育机会和享有教育权利。学生在学校里，也会表现出自卑，人际交往中有阻碍，因此对他人会表现出敌对的心理和情绪。由于没有很好的人际关系，在城市里没有归属感，也容易发展出一些强迫的想法和症状。

　　2. 中学生心理健康诊断测验

表36　　　　　　　　　　**中学生学习焦虑与孤独的区域差异**

项目	苏南	苏中	苏北	总分
学习焦虑（$M \pm SD$）	8.04 ± 4.05	8.35 ± 4.10	8.07 ± 4.08	8.10 ± 4.07
孤独（$M \pm SD$）	2.80 ± 2.76	2.94 ± 2.84	2.78 ± 2.73	2.82 ± 2.76

　　如表所示，苏南地区中学生的学习焦虑的平均值为8.45，标准差为4.05；苏中地区中学生的学习焦虑的平均值为8.35，标准差为4.10；苏北地区中学生的学习焦虑的平均值为8.07，标准差为4.08。可以看出，苏中地区中学生学习焦虑感更强。这也许是苏中地区经济发展状况相对较差，老师和家长将读书视为一条很重要的出路，因此特别重视学生的学习成绩，给学生灌输了很多有关学习很重要的思想，导致学生对学习产生了很强的焦虑情绪。

　　苏南地区中学生的孤独的平均值为2.80，标准差为2.76；苏中地区中学生的孤独的平均值为2.94，标准差为2.84；苏北地区中学生的孤独的平均值为2.78，标准差为2.73。可以看出与上面焦虑的情况相对应，还是苏中地区中学生的孤独感高于其他两个地区，可能还是由于老师和父母不够理解学生的心理，学生不能无条件得到父母的爱与支持。再加上同学们都忙于学习，很少花时间在人际交往上，种种因素导致中学生体验到很强的孤独感。

表37　　　　　中学生学习焦虑与孤独的性别差异（$M \pm SD$）

项目	男	女	T	P
学习焦虑（$M \pm SD$）	7.97 ± 4.10	8.24 ± 4.04	−2.71	.01
孤独（$M \pm SD$）	2.85 ± 2.83	2.78 ± 2.70	1.00	.31

注：均值差的显著性水平为 0.05

　　如表所示，男、女中学生在学习焦虑上存在极其显著差异（$P = 0.01$），而在孤独维度上不存在显著差异（$P > 0.05$）。这可能与男女生的生理特点有一定关系，女生较男生更易产生焦虑情绪。中学课程里添加了物理、化学等理科学科，这些学科对学生的逻辑思维能力和空间想象能力有要求，女生普遍在这些学科上有一些困难，男生在学这些学科时会更感兴趣也更具优势。而对孤独感而言，男女生在中学时期是发展友谊的时期，会更倾向于人际交往和友谊的建立，女生重倾诉，男生重兄弟情义，都有自己的圈子，因此孤独感都较低，并且没有明显差异。

表38　　　　　城乡中学生学习焦虑与孤独的差异

项目	农村	城市	P
学习焦虑（$M \pm SD$）	8.15 ± 4.09	8.05 ± 4.05	.38
孤独（$M \pm SD$）	2.91 ± 2.83	2.75 ± 2.72	.04

注：均值差的显著性水平为 0.05

　　如表所示，城市和农村中学生在学习焦虑维度上不存在显著差异，在孤独维度上有显著差异。和前面研究结果类似，农村地区的留守中学生较多，会比城市的中学生更多地体验到孤独感。城市的业余生活都比较丰富，同学们会一起上培训班或者结伴郊游、参加课外活动，而农村中学生的业余生活就比较单调乏味，一般都是看看电视上上网打发掉了，和同伴的交往比较少，这也是造成农村中学生孤独感较高的一个不可忽视的原因。

表39　　　　留守中学生的学习焦虑与孤独差异（$M \pm SD$）

项目	中学生是否留守		P
	是	否	
学习焦虑（$M \pm SD$）	8.01 ± 4.14	8.14 ± 4.05	.27
孤独（$M \pm SD$）	2.85 ± 2.81	2.81 ± 2.75	.58

注：均值差的显著性水平为 0.05

如表所示，留守中学生在学习焦虑和孤独维度上与非留守中学生并不存在显著差异。

表40　　　　离异家庭中学生的学习焦虑与孤独差异（$M \pm SD$）

项目	是否离异家庭		P
	是	否	
学习焦虑（$M \pm SD$）	7.89 ± 4.01	8.12 ± 4.08	.18
孤独（$M \pm SD$）	2.71 ± 2.66	2.83 ± 2.77	.30

注：均值差的显著性水平为 0.05

如表所示，离异家庭中学生和未离异家庭中学生在学习焦虑维度上不存在显著差异，在孤独维度上也不存在显著差异。我们即认为家庭是否离异对中学生心理健康的影响没有显著影响。这个结果也和上面 SCL_ 90 的结果一致，即使父母离异，但只要让孩子正确认识这件事，觉得父母都是爱他们的，是关心他们的，能经常得到父母双方的照顾，这些孩子也一样可以健康成长。并不是完整的家庭的孩子就一定心理健康，可见家庭是否离异并不能影响到中学生的心理健康水平。

表41　　　跟随父母打工中学生的学习焦虑与孤独差异（$M \pm SD$）

项目	是否跟随父母打工		P
	是	否	
学习焦虑（$M \pm SD$）	8.21 ± 4.15	8.09 ± 4.06	.18
孤独（$M \pm SD$）	2.80 ± 2.84	2.81 ± 2.76	.30

注：均值差的显著性水平为 0.05

　　如表所示，跟随父母打工的中学生在学习焦虑和孤独维度上与未跟随父母打工的中学生不存在显著差异。这个结果与之前对小学生施测的结果不一致，究其原因，这里的很多中学生很可能是小学的时候就跟随父母在外打工，可能是随着年龄的增长和在外借读时间的增长，中学生对在外的环境已经适应，并且由于长时间在一个城市就读，也已经形成了稳定的人际关系，形成了稳固的社会支持的关系，因此不会再像小学生时期初来乍到的感到孤独。因为适应和熟悉，也拥有稳定的人际关系，在某些方面与城市里的其他孩子并没有太大差异了，学习上也适应了学校的教学模式，没有太多学习压力，因此也不会对学习感到焦虑。

　　3. 生活事件量表

表 42　　　　　　　中学生生活事件的区域差异

项目	苏南	苏中	苏北	总分
人际关系（$M \pm SD$）	11.36 ± 4.16	11.48 ± 4.33	11.49 ± 4.10	11.44 ± 4.17
学习压力（$M \pm SD$）	9.12 ± 3.6	9.20 ± 3.71	9.34 ± 3.73	9.23 ± 3.69
受处罚（$M \pm SD$）	12.41 ± 4.66	12.44 ± 4.72	12.47 ± 4.74	12.44 ± 4.71
丧失（$M \pm SD$）	5.46 ± 2.53	5.53 ± 2.56	5.48 ± 2.51	5.48 ± 2.53
健康适应（$M \pm SD$）	6.77 ± 2.54	6.85 ± 2.61	6.86 ± 2.63	6.82 ± 2.59

　　如表所示，从负性生活事件总体来看，苏南、苏中、苏北三个地区的差异不大，苏北最多，苏中其次，苏南最少。人际关系维度，苏中苏北相当，苏南较低。说明苏南中学生在人际关系维度遭遇的负性

生活事件更少，他们的人际关系更趋于融洽，受人际关系问题的影响较小。学习压力维度，苏北地区的负性事件最多，苏中其次，最少的是苏南。说明苏北、苏中地区的中学生学习压力大，因此造成对心理健康的影响也较多。这还是和地区的经济条件有关，这三个地区对学习的观念有所差异，苏南地区不认为读书是唯一出路，允许孩子多样性发展，而苏北、苏中地区的观念则比较单一，对学习过于关注。受处罚维度上，也是苏北地区的中学生受处罚的事件更多，苏中其次，苏南地区受处罚的事件最少。这可能和各个地区的教育观念和家庭教养观念有关，也许苏北、苏中地区的老师和家长更信奉"严师出高徒""棍棒底下出孝子"这样的传统观念，苏南地区则更开化，观念上更自由、更西化，更崇尚师生间、父子间的平等与民主。丧失维度上，苏中地区最高，苏北其次，苏南最低。健康适应维度上，苏北和苏中地区大致相当，苏南地区负性生活事件比较少。相对而言，苏北和苏中地区中学生的心理健康总体状况略低些，而苏南地区中学生的心理健康状况较好。这和学校和家长的观念和教育模式有关系，苏中、苏北地区的家长和学校更重视教育，以成绩作为评判学生的唯一标准，而忽视了对中学生心理健康的关注。

表 43 　　　　　　中学生各生活事件的性别差异 ($M \pm SD$)

项目	男	女	T	P
人际关系	11.41 ± 4.18	11.46 ± 4.15	−.46	.65
学习压力	9.13 ± 3.71	9.31 ± 3.68	−1.97	.05
受处罚	12.49 ± 4.77	12.39 ± 4.64	.82	.41
丧失	5.48 ± 2.53	5.48 ± 2.52	.02	.98
健康适应	6.84 ± 2.65	6.80 ± 2.52	.51	.61

注：均值差的显著性水平为 0.05

　　如表所示，中学生在人际关系、受处罚、丧失和健康适应上都不存在显著的性别差异，而在学习压力维度上存在显著的性别差异，并且是女中学生的学习压力显著高于男中学生。这与上文中得出中学生在学习焦虑维度上存在显著的性别差异的结论也是相互印证的。由于中学课程较小学课程的难度更大，并且新增的理科学科对学生的逻辑思维能力和空间想象能力等有更高的要求，男女中学生在这方面优劣就显现出来了，男生更占优势，学起来更轻松，也更感兴趣。女生则感到困难，就产生了学习压力。

表44　　　　　中学生各生活事件的城乡差异（$M \pm SD$）

项目	农村	城市	P
人际关系	11.45 ± 4.18	11.45 ± 4.18	.98
学习压力	9.21 ± 3.72	9.20 ± 3.71	.92
受处罚	12.40 ± 4.74	12.44 ± 4.69	.74
丧失	5.46 ± 2.53	5.46 ± 2.52	.98
健康适应	6.80 ± 2.62	6.81 ± 2.56	.86

注：均值差的显著性水平为0.05

　　如表所示，城乡的中学生在人际关系、学习压力、受处罚、丧失、健康适应几个维度上不存在显著的差异。这个结果也和上述SCL_ 90的结果是一致的，这就说明了中学生的心理健康状况不存在显著的城乡差异，可以认为城乡的中学生心理发展水平是一致的。城乡中学生在生活事件上是没有什么差异的，随着城乡发展一体化和城市化进程的推进，农村和城市之间不再像以前那样闭塞。还由于网络的发展，信息也是共享的。城乡差异减少，城市和农村的中学生面临的发展任务一样，同样他们在生活中所面临的生活事件也是一致的。

表45　　　　　留守中学生的生活事件差异（$M \pm SD$）

项目	中学生是否留守		P
	是	否	
人际关系	11.41 ± 4.21	11.45 ± 4.15	.75
学习压力	9.15 ± 3.71	9.25 ± 3.69	.32
受处罚	12.49 ± 4.86	12.42 ± 4.65	.56

续表

项目	中学生是否留守		P
	是	否	
丧失	5.46 ± 2.55	5.48 ± 2.52	.76
健康适应	6.82 ± 2.66	6.82 ± 2.57	.97

注：均值差的显著性水平为 0.05

如表所示，留守中学生与非留守中学生在人际关系、学习压力、受处罚、丧失和健康适应的维度上都不存在显著差异。

表 46　　　　**离异家庭中学生的生活事件差异** （$M \pm SD$）

项目	是否离异家庭		P
	是	否	
人际关系	11.62 ± 4.17	11.42 ± 4.16	.27
学习压力	9.21 ± 3.73	9.23 ± 3.69	.93
受处罚	12.57 ± 4.72	12.43 ± 4.70	.46
丧失	5.49 ± 2.51	5.48 ± 2.53	.90
	是	否	
健康适应	6.77 ± 2.56	6.83 ± 2.59	.61

注：均值差的显著性水平为 0.05

如表所示，离异家庭中学生在人际关系、学习压力、受处罚、丧失和健康适应维度上与非离异家庭不存在显著差异。这也和上述调查结果相一致，并不像很多人想当然的那样，就认为离异家庭的孩子一定会产生心理问题。结果表明，离异家庭的中学生并没有比非离异家庭的孩子面临更多的负性生活事件，也没有承受着更多的心理压力。这还是和父母的处理方式有关，怎样和孩子解释离婚这件事，怎么去引导孩子健康成长才是关键所在。还有一点要提一下，中学生相对于小学生来说，心理承受能力和心理调节能力更强，对很多事情的认知更趋于理性化，是否离异对中学生的心理健康不会产生太大影响。

表47　　　　跟随父母打工中学生的生活事件差异（$M \pm SD$）

项目	是否跟随父母打工		P
	是	否	
人际关系	11.60 ± 4.29	11.43 ± 4.16	.34
学习压力	9.13 ± 3.77	9.23 ± 3.69	.52
受处罚	12.38 ± 4.71	12.44 ± 4.71	.76
丧失	5.62 ± 2.61	5.47 ± 2.51	.17
健康适应	6.83 ± 2.66	6.82 ± 2.58	.92

注：均值差的显著性水平为0.05

　　如表所示，跟随父母打工的中学生和未跟随父母打工的中学生在人际关系、学习压力、受处罚、丧失和健康适应这几个维度上均不存在显著差异。这还是和中学生对环境的适应有关，也和年龄增长有关，中学生比小学生有更强的心理承受能力和心理调节能力。由于对环境的适应，也会发展出自己的人际交往关系，也许相比于他们的父母而言，他们与所在城市的中学生的差异更小。他们所面临的心理压力与其他学生没有显著差异，心理健康水平也相当。

　　4. 中学生应对方式量表

表48　　　　　　　中学生应对方式的区域差异

项目	苏南	苏中	苏北	总分
解决问题（$M \pm SD$）	9.07 ± 3.01	8.91 ± 3.14	8.90 ± 3.09	8.97 ± 3.07
退避（$M \pm SD$）	5.43 ± 2.93	5.35 ± 2.99	5.32 ± 2.94	5.37 ± 2.95

　　如表所示，从中学生应对方式的总分上来看，解决问题这个应对方式的总分明显高于退避的总分。这说明中学生还是倾向于选择积极成熟型的方式来应对生活中的问题的，在生活中表现出一种成熟稳定的人格特征和行为方式。从地区分布上来看，苏南地区的中学生比苏中、苏北地区中学生更多地使用解决问题这种积极成熟的应对方式，同时苏南地区的中学生也比苏中、苏北地区中学生更多地使用退避这

种消极不成熟的应对方式。可以看出苏南地区中学生的应对方式大多都不是单一的，在面对同一生活事件时，他们的应对方式都是混合的，至少在一种以上。

表49 中学生应对方式的性别差异

项目	男	女	T	P
解决问题（$M \pm SD$）	9.04 ± 3.04	8.91 ± 3.09	1.67	.09
退避（$M \pm SD$）	5.31 ± 2.92	5.42 ± 2.97	− 1.46	.14

注：均值差的显著性水平为 0.05

如表所示，中学生的应对方式不存在显著的性别差异。不过细究容易发现，女中学生还是容易倾向于选择退避的应对方式，男中学生容易倾向于选择解决问题的应对方式。但是，总体来说，男女之间的应对方式差异不显著，而且选择解决问题的应对方式比例较高。这和我们的学校教育和社会氛围分不开，老师和家长经常会教育孩子要勇敢面对问题，遇到困难不要退缩，要想办法去克服。正如俗语说道："困难像弹簧，你强它就弱，你弱它就强。"我们的学生从小就接受这样的教育，被灌输这样勇敢面对的思想，这种行为方式也就根深蒂固地存在于全省全体中。

表50 中学生应对方式的城乡差异

项目	农村	城市	P
解决问题（$M \pm SD$）	8.91 ± 3.16	9.04 ± 3.002	.10
退避（$M \pm SD$）	5.41 ± 2.97	5.34 ± 2.93	.36

注：均值差的显著性水平为 0.05

如表所示，中学生的应对方式不存在显著的城乡差异。这和之前 SCL_ 90、MHT、生活事件问卷的调查结果具有一致性，这恰恰说明了江苏省的城乡差异很小，甚至在很多地区城乡差异就完全可以忽略。正是由于城乡一体化的发展，城乡中学生的心理发展水平也具有相应的一致性。

表 51　　　　　　留守中学生的应对方式差异（$M \pm SD$）

项目	中学生是否留守		P
	是	否	
解决问题（$M \pm SD$）	8.95 ± 3.16	8.98 ± 3.03	.73
退避（$M \pm SD$）	5.41 ± 2.98	5.35 ± 2.93	.51

注：均值差的显著性水平为 0.05

如表所示，留守中学生与非留守中学生在解决问题和退避的维度上均不存在显著差异。

表 52　　　　离异家庭中学生的应对方式差异（$M \pm SD$）

项目	是否离异家庭		P
	是	否	
解决问题（$M \pm SD$）	9.00 ± 3.12	8.97 ± 3.06	.85
退避（$M \pm SD$）	5.26 ± 2.89	5.38 ± 2.95	.36

注：均值差的显著性水平为 0.05

如表所示，离异家庭的中学生在应对方式上也与非离异家庭的中学生不存在显著差异。

表 53　　　跟随父母打工中学生的应对方式差异（$M \pm SD$）

项目	是否跟随父母打工		P
	是	否	
解决问题（$M \pm SD$）	8.95 ± 3.09	8.97 ± 3.06	.84
退避（$M \pm SD$）	5.38 ± 3.01	5.36 ± 2.94	.92

注：均值差的显著性水平为 0.05

如表所示，跟随父母打工的中学生与未跟随父母打工的中学生在解决问题维度上没有显著差异，在退避维度上也没有显著差异，于是认为这两类中学生在应对方式上无显著差异。和以上调查结果也是一致的，不过多赘述。

5. EPQ

表54 中学生人格特质的区域差异

项目	苏南	苏中	苏北	总分
精神质（$M \pm SD$）	3.72 ± 2.99	3.77 ± 2.99	3.62 ± 2.85	3.69 ± 2.93
外倾性（$M \pm SD$）	15.55 ± 5.91	15.40 ± 6.00	15.44 ± 5.99	15.48 ± 5.96
神经质（$M \pm SD$）	9.05 ± 6.92	9.49 ± 7.07	9.03 ± 6.86	9.12 ± 6.92

如表所示，在精神质维度上，苏中中学生得分最高，苏南其次，苏北最低。在外倾性维度上，苏南地区中学生得分最高，苏北其次，苏中地区最低。在神经质维度上，苏中地区中学生得分最高，苏南其次，苏北最低。从结果可以看出，苏中地区中学生相对于苏南和苏北地区而言，人格特质更趋于内向和不稳定。与苏北相比，苏中地区的中学生没有苏北地区的性情豪爽和率直；与苏南地区相比，苏南地区更能允许中学生的个性发展，苏中地区的中学生受限制的方面更多。综合起来导致了苏北中学生在人格特质上的特点，内向不爱与他人过多交流，表现安静，偏于保守。同时，又会表现出情绪敏感不稳定，易紧张焦虑甚至抑郁。苏中地区的家长和老师要多关注中学生的心理健康和人格发展，多加引导。

表55 中学生人格特质的性别差异

项目	男	女	T	P
精神质（$M \pm SD$）	3.74 ± 3.07	3.63 ± 2.80	1.63	.10
外倾性（$M \pm SD$）	15.49 ± 5.95	15.46 ± 5.97	.18	.85
神经质（$M \pm SD$）	9.01 ± 6.89	9.23 ± 6.95	−1.31	.19

注：均值差的显著性水平为 0.05

如表所示，中学生在精神质、外倾性和神经质这三个人格特质维度上均不存在显著差异。由于现在大多是独生子女，都是一样教育和培养，人格特质差异主要不是体现在性别上，而与其他因素有关，如遗传等。

表 56　　　　　　　　中学生人格特质的城乡差异

项目	农村	城市	P
精神质（$M \pm SD$）	3.71 ± 2.90	3.67 ± 2.95	.67
外倾性（$M \pm SD$）	15.51 ± 5.93	15.42 ± 6.00	.58
神经质（$M \pm SD$）	9.22 ± 6.96	8.96 ± 6.89	.17

注：均值差的显著性水平为 0.05

如表所示，城乡中学生在精神质、外倾性和神经质这三个人格特质维度上均不存在显著差异。这说明不同人格特质在人群中的分布是均匀的，和地域因素没有关系。城市和农村的差别就体现在公共资源和基础设施等物质方面，人格特质有相当一部分如气质是与生俱来的且具有较稳定的特质，不易受后天环境的影响。因此不管是城市的中学生还是农村的中学生，他们的人格特质不存在地域差异。

表 57　　　　　　　留守中学生的人格特质差异（$M \pm SD$）

项目	中学生是否留守		P
	是	否	
精神质（$M \pm SD$）	3.72 ± 3.04	3.67 ± 2.90	.54
外倾性（$M \pm SD$）	15.61 ± 5.99	15.43 ± 5.95	.26
神经质（$M \pm SD$）	9.10 ± 7.05	9.13 ± 6.88	.90

注：均值差的显著性水平为 0.05

如表所示，留守中学生与非留守中学生在精神质、外倾性和神经质三个人格特质维度上均不存在显著差异。这可能也是与人格中有一部分是天生的有关，不容易随着环境的改变而发生改变。虽然留守中学生的父母不在身边，但他们身边还会有爷爷奶奶等其他人在关心照顾他们，中学生在这个时期之前很多人格特质早已形成，气质是与生俱来的，性格在幼儿时期就已形成，这个时候父母离开他们外出打工，对他们的人格特质几乎没有什么影响了，因此留守中学生与非留守中学生在人格特质上不存在什么差异。

表58　　　　　　　离异家庭中学生的人格特质差异（$M \pm SD$）

项目	是否离异家庭		P
	是	否	
精神质（$M \pm SD$）	3.54±2.83	3.70±2.94	.20
外倾性（$M \pm SD$）	15.43±6.04	15.48±5.95	.86
神经质（$M \pm SD$）	8.87±6.98	9.14±6.92	.35

注：均值差的显著性水平为0.05

如表所示，离异家庭中学生与非离异家庭中学生在精神质、外倾性和神经质维度上均不存在显著差异。原因首先可能是人格不易发生变化，在一个人的早年时期就已形成。其次，中学生的父母离异对中学生的影响不会很大，再者也并非一旦离异就一定会对孩子产生影响，综合这些原因，就可以理解为什么离异家庭和非离异家庭的中学生不存在明显的人格特质上的差异了。

表59　　　　　　跟随父母打工中学生的人格特质差异（$M \pm SD$）

项目	是否跟随父母打工		P
	是	否	
精神质（$M \pm SD$）	3.90±3.08	3.66±2.92	.07
外倾性（$M \pm SD$）	15.55±6.04	15.47±5.95	.75
神经质（$M \pm SD$）	9.42±7.26	9.09±6.89	.29

注：均值差的显著性水平为0.05

如表所示，跟随父母打工的中学生和未跟随父母打工的中学生在精神质、外倾性和神经质维度上均不存在显著差异。这些中学生有很多也不是从很小的时候就跟随父母在外打工，跟随父母打工，至少每天都可以和父母在一起，享受到来自父母的关心和关爱，心理上并不缺滋养。纵然外界环境比较恶劣，但这些都不会影响到一个人的人格。中学生相比于小学是年长的，年级越高人格越不容易改变。

第四节　访谈质性研究

一　访谈目的

本研究在江苏省淮安、南通、扬州、南京、苏州走访了 76 所学校，对 164 名班主任和心理健康教师以及各地区的文明办、教育局、中小学等部门负责人进行了团体半结构式访谈。所走访的学校包括小学、初中、高中、职业中专等公立和私立学校，涉及农村留守儿童学校、流动儿童的学校。

本研究采用质的研究中的扎根理论方法，选取典型的江苏苏北、苏中和苏南地区的学校老师和管理人员进行深度访谈，通过对青少年相关心理健康行为问题关键事件的搜集，获取青少年心理发展的主要问题方面的信息。在此基础上，整理访谈素材，并分类、归纳，形成青少年心理发展的主要问题和对策。访谈的目的：第一，通过访谈了解江苏省未成年人心理健康状况的基本状况和存在问题。第二，通过访谈探索生理、心理、社会层面的因素与未成年人心理健康水平的关系。第三，通过访谈对未成年人的心理状况作初步评估，寻找主要问题与主要对策。总之，通过对访谈结果的分析，可以较为客观地了解江苏省未成年人的心理健康基本状况，并对改善我省心理健康水平提供帮助，从而有助于丰富和深化青少年心理健康的研究，为江苏省政府部门和宣传部门提供第一手资料。

二　访谈方法

本借鉴青少年发展心理学的理论和青少年心理健康标准的研究成果，编制半结构化的访谈提纲。访谈提纲通过研究团队多次讨论、修改而确定。研究访谈的资料，采用扎根理论的范式进行分析。扎根理论是在系统收集和分析资料的基础上，寻找反映社会现象的核心概念，然后通过在这些概念之间建立起联系而形成理论[①]。扎根理论的主要宗旨是从经验资料的基础上建立理论，是一种自下而上建立理论的方法。研究程序包括：文献分析，访谈提纲编制，预访谈，选取被试，正式访谈，访谈资料整理和分析，讨论启示。

（一）访谈对象

本研究拟在苏南、苏北、苏中三地各选择 2—3 个县（市、区）作为样本地区[②]，在每个县（市、区）随机抽取城市学校、农村学校、郊区学校、民办学校、职业学校等不同类型的学校各 5 所作为样本学校，其中学校涉及江苏省小学、初中、高中和职校几种类型。访谈共选择 76 个访谈学校，每所学校受访老师 2—3 名，共 164 名老师，受访对象涉及各学校的班主任、心理健康老师、德育处相关领导及部分家长。

为了使访谈取得一定的实效，采取分层和强度抽样相结合的方式抽样，访谈综合考虑了受访人的学校类型、性别、城乡、年龄、职位、学科差异选取了受访对象，要求受访对象具有较强的逻辑思维和语言表达能力，能够提供本研究所需的信息，并对学校类型和受访者进行了编码。

访谈之前向受访对象说明本研究的目的、主要内容，并征得他们的同意，得到他们的理解。同时，由于本研究主要采用访谈收集资料，并会对访谈内容进行录音。访谈情境在受访者自愿、自由的前提下进行，从而最大限度地保证研究结果的可靠性。

（二）工具

访谈提纲是本研究中资料收集的重要工具之一。访谈提纲是在相

---

① 陈向明：《质的研究方法与社会科学研究》，教育科学出版社 2000 年版，第 327—330 页。

② 江苏省按地域划分为苏南、苏中、苏北地区，其中长江以南为苏南，包括镇江、苏州、无锡、常州，以及南京江南区域；长江淮河之间为苏中，包括扬州、泰州、南通全部，淮安、盐城境内淮河以南地区；淮河以北为苏北，包括徐州、连云港、宿迁全部，淮安、盐城境内淮河以北地区。

关文献基础上，结合本研究的主题，经过深入的思考拟定的。内容涉及青少年心理健康的基本问题，包括生理、心理和社会层面的八类问题：

1. 身体健康：指人的生理机能因素，是心理健康的必要条件。主要包括：失眠状况（A1）、视力（A2）、身体素质（A3）。

2. 自我意识问题：理想的我与现实中的我；主观之我与客观之我；自我评价、自我纳悦、自我关注等。主要包括：身体长相（B1）、偶像崇拜（B2）、自卑（B3）。

3. 社会适应问题：指个体为了在社会更好生存而进行的心理上、生理上以及行为上的各种适应性的改变，与社会达到和谐状态的一种执行适应能力。主要包括：人生观（C1）、心理弹性（C2）。

4. 人际关系问题：良好的可以使人心情愉快、有安全与归属感；不良的使人感到压抑和紧张，承受孤独与寂寞。主要包括：诚信（D1）、自闭（D2）、孤独感（D3）、宽容（D4）。

5. 学习心理问题：学习兴趣、成绩攀比、记忆力的波动、焦虑综合症。主要包括：学业压力（E1）、考试焦虑（E2）。

6. 性问题：性意识的困扰，有被异性吸引、常想到性、总是性幻想及性梦等表现。对手淫产生恐慌的心理。主要包括：早熟（F1）、早恋（F2）、怀孕（F3）。

7. 品行问题：指人的行为品德。主要包括：暴力攻击（G1）、犯罪（G2）、吸毒（G3）、打架（G4）、撒谎（G5）、偷窃（G6）、离家出走（G7）。

8. 心理危机：主要是指自杀意念与行为。主要包括：成瘾（H1）、自杀自残倾向（H2）。

根据以上八类问题，本次访谈拟定了 20 个开放式问题：

1. 现在学生最突出的问题是什么？

2. 目前学生最大的烦恼是什么？

3. 学校有没有学生会有自杀或自残的想法？

4. 学校有没有学生有过离家出走或逃学的想法？

5. 学生恋爱最早的时间是在什么时候？

6. 学生有网恋现象吗？

7. 学生一年中看过多少本书？

8. 学生上网成瘾现象严重吗？

9. 学生有离家出走情况吗？

10. 发现有学生吸毒吗？

11. 学校曾有过学生怀孕堕胎吗？

12. 能否谈谈现在的学生学业压力情况？

13. 学生课外阅读内容是什么？

14. 现在的学生学习开心吗？

15. 学生和父母经常吵架吗？

16. 学生参加家务劳动多吗？

17. 学生曾经参加过什么兴趣班或补习班？

18. 学生最崇拜的偶像是谁？

19. 学生在家里有过失眠吗？

20. 学生的业余生活主要做些什么？

（三）程序

1. 预访谈

分别从南京市部分重点校、普通校、打工子弟校抽取小学、初中、高中部的心理健康老师约 40 名（均来自南京陶老师工作站的心理咨询员培训班学员），进行个体访谈和群体访谈。依据访谈结果编制和修订焦点群体访谈提纲，最终确定"江苏省青少年心理健康状况访谈提纲"。

2. 选取被试

根据学校所处省级区域、城乡环境、是否重点校和生源家庭类型等因素确定不同的青少年研究对象。在正式访谈前，根据取样标准，我们先在苏南、苏中、苏北已选定的各市随机抽取学校，学校类型分别选择城市学校、农村学校、郊区学校、民办学校、职业学校类型，然后找寻有经验的班主任、心理健康教师作为受访者，并征得同意后组成小组进行焦点群体访谈和个案访谈。

3. 培训主试

访谈前，成立研究人员、研究生人员专家小组。对访谈员和记录员进行统一培训。由 1 名心理学教授、5 名心理学老师和 1 名心理学专业的硕士研究生担任本研究的主试，本课题研究得对这些研究生进行群体访谈和个案访谈的培训，使之明确访谈的基本目的，掌握访谈的基本技能，并统一操作步骤。

4. 正式实施行为事件访谈

每个小组由 3 名主试负责，1 名主持群体访谈或个案访谈，另 2 名对访谈进程进行监控和记录，访谈方式采取面对面的方式。访谈员与访谈对象在安静的访谈室进行，访谈签署书面协议并口头授权录音。访谈进行前，给访谈对象赠送小礼物以激发其会谈积极性。访谈过程中，尽量记住细节，使用纸笔作为记录方式。每次访谈时间控制在 3 个小时左右。

按照扎根理论目的性取样的原则①，访谈采用行为事件访谈法（BEI），以个体行为事件为主，特别获取关键行为事件信息，从而选择不同年龄的青少年行为事件作为个案，运用探测技术深入了解事件，分析主题，并归类编码。

5. 采集数据文本与整理

访谈后，整理访谈记录。将全部声音文件转录并产生文本文件，由研究者将被试列举的个案逐一录入②。为保证客观，由课题组所有成员阅读所有访谈记录，并整理出访谈印象条目，通过讨论，把小组成员具有共识的印象作为访谈的结果。

6. 文本编码

编码过程是思考资料意义的过程，不断追问问题的过程并指导后续资料收集、形成理论类属的过程。根据逐渐抽象的程度可把编码分为三个不同的层次：一级编码（开放式编码）；二级编码（轴心式编

① 陈向明：《质的研究方法与社会科学研究》，教育科学出版社 2000 年版，第 105—107 页。

② ［美］Riessman：《叙说分析》，王勇智、邓明宇合译，台北五南图书出版公司 2003 年版，第 126 页。

码，即关联式编码）；三级编码（核心式编码，即选择式编码）①。访谈由两名编码者作为编码人员，独立阅读文本，研究者运用主题分析和内容分析法，分别对已录入的全部数据进行独立分类编码，将相似的行为组成一个类别群并加以命名，提炼文本中的关键主题和信息，根据重要行为特征和指标归类编码，并统计各类行为特征的总频次。

（四）信度与伦理考量

1. 信度考量

访谈信度指的是指不同研究参与者通过互动、资料收集、记录与分析，其对结果诠释的一致性，即研究者收集到的资料与自然情境中实际发生事物的吻合程度。本研究通过以下策略保证研究的信度：

（1）对研究的重点、研究参与者所处的具体情境、选择的偏见、资料收集和分析的策略等进行详细的描述。

（2）外部审核。邀请外部专家对研究的过程及研究结果进行评阅，保证了研究的发现都有实证资料的支持。

（3）邀请研究的参与者对收集的资料、对于资料的分析、解释以及研究的发现等进行检视。

2. 效度考量

本研究采用了如下策略来保证研究的效度：

（1）减少研究者的偏见。在研究过程中不断进行自我反思，从"局内人"到"局外人"，保持了分析的客观。

（2）通过访谈、事件分析、写备忘录等多种方式并且长时期的收集资料，保证了资料的丰富性。

（3）参与者检验。在访谈过程中，请研究参与者对收集的资料以及分析结果进行反馈。

3. 伦理考量

为保障参与者的隐私，不对参与者造成任何负面影响，研究保证研究符合伦理原则：

---

① Glaser, B. G. The Grounded Theory Perspective: Conceptualisation Contrasted With Descrption. Mill Valley: Sociology Press. 2001. pp. 10 – 11.

（1）参与者自愿接受访谈。

（2）对参与者的访谈录音事先征得了参与者的同意，并对他们提供信息保密。参与者姓名用相应的代码代替，对其进行匿名保护。

（3）在研究之初，就本研究的目的、内容等再次向参与者作出书面说明和口头解释并签订了研究协议书。

（4）对于资料的使用充分尊重参与者的要求，不会公开使用涉及个人或单位隐私的资料。

三　访谈结果

（一）青少年心理健康状况分析

1. 基本情况

通过对记录进行行为编码分类，我们得到了 26 类行为。通过计算了提名每一类行为的小组的组次及其与总组次的比例。从表中可以看出，提名平均频次在 30 次以上的有 12 种行为。

访谈中提及的最多因素依次为：成瘾、学业压力、人生观、身体素质、偶像认同、撒谎、早熟七大因素。总体上，这 26 类行为不仅涉及生理因素、心理因素，也涉及品行问题和社会问题。

表60　　　　　　　**受访者提名的心理健康行为类型频次分布**

编号	编码	行为事件类	提名频次（小学）	提名频次（初中）	提名频次（高中）	提名频次（职校）
1	A1	失眠状况	31	22	35	19
2	A2	视力	42	35	23	16
3	A3	身体素质	69	66	61	23
4	B1	身体长相	9	11	9	18
5	B2	偶像认同	29	36	27	39
6	B3	自卑	37	39	28	51
7	C1	人生观	38	52	46	53
8	C2	心理弹性	18	12	19	25

续表

编号	编码	行为事件类	提名频次（小学）	提名频次（初中）	提名频次（高中）	提名频次（职校）
9	D1	诚信	39	31	26	30
10	D2	自闭	20	17	28	26
11	D3	孤独感	29	20	23	32
12	D4	宽容	29	20	8	21
13	E1	学业压力	49	46	58	19
14	E2	考试焦虑	37	42	48	17
15	F1	早熟	33	17	14	32
16	F2	早恋	6	16	11	31
17	F3	怀孕	1	3	15	22
18	G1	暴力攻击	47	28	21	31
19	G2	犯罪	3	22	18	29
20	G3	吸毒	6	23	20	29
21	G4	打架	20	12	11	27
22	G5	撒谎	59	31	24	28
23	G6	偷窃	26	17	13	34
24	G7	离家出走	12	28	31	32
25	H1	成瘾	19	55	61	64
26	H2	自杀自残倾向	35	38	36	30

总体来说，不同年级学生的心理健康行为状况具有显著差异，小学至高中学生心理健康水平呈不平衡状态，学生心理健康水平呈上升趋势。小学生品行、撒谎、早熟问题明显，中学生的成瘾状况、学业压力、焦虑、人生观问题突出。

从访谈情况来看，江苏省青少年心理健康状况总体良好，在社会宽容、责任心、思维方式、吸毒、暴力犯罪方面表现良好。但青少年仍存在着不容忽视的心理问题和行为困惑，在身体素质上，主要表现为身体形态、生理功能和身体素质指标均呈现出不同程度的下降，睡眠时间严重不足；在精神状况方面不容乐观，主要表现为手机和网络依赖严重、人生观失位、偶像认同泛滥；在品行问题存在偏差，主要表现在撒谎、嫉妒、任性自私、孤僻、离家出走、逆反心理；另外，在人际和学习方面，表现为人际交往困难、情绪波动较大、考试焦虑、厌学倾向。从年龄上看，不同年龄阶段的青少年心理健康状况存在较大差异，年龄差异越大，心理问题越大。

2. 小学访谈

从调查情况看，大多数的小学生而言，心理发展总体还是较健康的。其中在学习方面所蕴含的问题集中在：学习方法不当、学习习惯没有形成、注意力不集中、有厌学情绪等。小学生在人际关系方面不能和同学、家长合理沟通，自私现象严重。小学生在品行问题，特别是撒谎、暴力攻击问题较为突出。另外，在挫折适应、情绪问题、情感缺失方面需要心理指导和矫正。

受访者 Y：外来务工小学。小学六年级学生，女生自理能力很强，早熟。男孩存在行为问题。（F1 早熟）

受访者 L：重点小学。五六年级，性意识萌动，主要受黄色网站信息的不良传播，早恋。（F2 早恋）

受访者 M：农村小学。学生家庭贫困，学校治安不良，学校周围会有不良的社会青年，勒索小学生钱财，学生产生偷窃行为。（G6 偷窃）

受访者 C：农村小学。学生的价值观受到严重的挑战，认为有钱就是一切，有钱就可以随便欺负别人。（C1 人生观）

受访者 M：城郊小学。小学生读书品位不高。杨红樱的书籍（《马小跳》）；《查理九世》；《阿衰正传》漫画。（C1 人生观）

受访者 D：农村小学。手机已经严重影响学生生活，无论学校是否禁止学生使用手机，有家长都会为了孩子安全，给孩子配备手机。（H1 成瘾）

受访者 L：城市重点小学。90%孩子都上辅导班，周末有各种提高班，奥数、画画、钢琴、跆拳道。（E1 学业压力）

受访者 C：农村小学。安全意识差，意识不到从楼上摔下去的危险性，父母关注小孩太少。（农村小学家庭问题）

受访者 F：外来务工小学。学生父母文化水平有限，不知道如何参与孩子的教育。学生和家长都对学校学习抱有无所谓的态度。当老师教育学生的时候，家长会抵制老师从而发生冲突，教师与家长关系紧张。（流动小学家庭问题）

受访者 H：外来务工小学。学生来自离异家庭，周遭的社会环境、家庭环境对学生的成长有很大的影响。学生独立能力强并且早熟，但行为习惯不好，虚荣心很强，偷东西，撒谎普遍。（离异家庭问题）

受访者 W：农村小学。农村经济不发达，网络不发达，信息闭塞，教育水平低。学生家境不好，家长文化水平低而且家庭子女多，父母对孩子的学习零关注。家长觉得教育小孩就是老师的责任，但是不允许老师严格教育学生，家校冲突多。学生回到家中，家长不让其出去，部分学生存在自闭、人际交往等问题。（农村小学家庭教育问题）

受访者 H：外来务工小学。基本上都是三低生源家庭：低收入家庭，身份低，父母文化低。生源基本来自农村家庭、工薪阶层家庭。孩子成绩差、行为习惯差、空虚、无目标、打架多、早恋多，但犯罪少、堕胎少，这个学校没有专业的心理学老师，因为编制紧。（流动小学家庭问题）

3. 中学访谈

中学生正处于心理发展和人格塑造的关键时期。从访谈情况来看，中学生心理健康水平属于正常，好的方面表现为思想活跃，乐观开放，自我悦纳，有积极进取的心理态度，兴趣爱好广泛，心理承受力较好，大部分中学生对学习很自信，学习竞争给学生带来显著的心理压力。但在访谈中也发现不少的心理问题值得重视，如迷恋网络、自我中心、青春期逆反、孤独心理、嫉妒心理、厌学心理、早恋、追星、考试焦虑、学业不良、考试作弊等，这些都成为中学生常见的心理问题，其中中学生提及的最多的问题依次为：学业压力、身体素质、人生观、成瘾。

受访者 B：民办初中学校。父母文化水平低，家暴、离异、隔代教育现象普遍存在，特殊家庭的教育对孩子产生不良影响，学生与校外不良青少年结交，学校也无法干预。优质生源流失让老师的动力受到影响，学生不服从老师，或者老师本身有问题。初中学生普遍心智不成熟，从众现象严重。（学校环境问题）

受访者 W：民办初中学校。学生学习不开心，很多学生都不知道为什么要学习。（E1 学业压力）

受访者 D：普通高中学校。环境对学生的影响很明显，班级氛围影响着学生的学习动机，家境优越的学生动力不足，学习成绩差的学生没有学习目标。（E1 学业压力）

受访者 P：重点高中。压力是学生的主要问题。家长以及学生对自己的期望很高，学生学习压力大。部分学生有抑郁、自残倾向，没有好成绩的学生容易自暴自弃，学生的时间主要用在学习上，所以自理能力、身体素质、人际关系很糟糕。（E1 学业压力）

受访者 P：普通高中。高中生身上最突出的问题是有想法，没毅力。生活干扰多而且自制差。作业多，作业难。（E1 学业压力）

受访者 P：普通高中。目前高中生最大的烦恼是想玩，不想学，却被迫学。（E1 学业压力）

受访者 P：普通高中。高中学生课外阅读内容是小说、动漫、言情科幻武侠小说。（E1 学业压力）

受访者 B：城市重点初中学校。小学中高年级女生和初中女生都喜欢 TFBOY，还有李敏镐、宋仲基、金贤秀。（B2 偶像认同）

受访者 P：普通高中。高中同学最崇拜的偶像是影视歌星，像胡歌、薛之谦、鹿晗。（B2 偶像认同）

受访者 P：艺术类高中学校。考试焦虑、学业压力和人际交往是小学到高中的普遍问题。亲子矛盾冲突经常由于学业成绩和手机成瘾引发的。（E1 学业压力 E2 考试焦虑 H1 成瘾）

受访者 D：普通高中学校。学生课业负担重、睡眠不足、手机成瘾、虚拟社交是中学生普遍现象。（H1 成瘾）

受访者 Q：重点高中。恋爱已经成为一个开放的事情，家长的态度开放，学生群体效仿，炫耀，好奇，心理需要等。（F2 早恋）

受访者 P：普通高中。高中同学的业余生活主要是玩手机、玩电脑、打球、谈恋爱。（F2 早恋）

4. 职校访谈

从访谈情况来看，中职生心理健康教育相对滞后薄弱，存在着许多问题。职校生的年龄一般在十五六岁至十八九岁，正值青春期或青年初期，这一时期是人的心理变化最激烈的时期，也是产生心理困惑最多的时期。职校生的生源很多来自三低家庭：父母收入低、父母社会地位低、父母学历文化水平低，学生极易出现三差状况，即行为习惯差，思想品德差，文化素养差。职校生的心理健康状况不容乐观，主要集中在品行、人际关系、自我悦纳、择业、性心理、情绪等方面。突出问题是游戏成瘾、人生观、品行障碍和自卑。原因较为复杂，既有生源问题，也有来自社会大环境的浸染，甚至出现社会对中职生的歧视和人才使用上的偏见；既受到家庭结构、家庭教养环境特别是父母亲的教养态度的影响，也与职校生自身个体心理发育不成熟息息相关。

中职校的学生选择专业大多听从父母安排，学生对自己的专业学习没有认同感，兴趣不强，动机不强。没有目标，学生爱看言情科幻武侠小说。女生迷恋社交，男生迷恋游戏，手机成瘾较为严重。

受访者 S：中等职业学校。中职学生手机成瘾、单亲家庭、早恋的问题严重。职校生上课和老师冲突，男生拿板凳打老师。（F2 早恋 G4 打架）

受访者 D：中等职业学校。学生有自残，因为同学冲突。管理很难，打架很正常，恋爱也很正常，无阅读习惯。（F2 早恋 G4 打架）

受访者 G：中等职业学校。人际关系还不错，因为素质差，所以宣泄途径很开放，随意大声喧哗、抽烟喝酒都很正常。（G4 打架）

受访者 Z：中等职业学校。学生体质差，能把腿跳骨裂，打闹也能把手打骨裂。最严重的就是玩手机，课余时间玩手机、游戏。消磨意志，对谈恋爱很开放。（F2 早恋 G4 打架）

受访者 S：中等职业学校。生源大多数来自本地，普遍是初中考不上高中的学生。多数学生来自工薪阶层家庭，也有农村家庭，很多孩子来自离异、单亲和没人管的家庭，甚至出现孩子得了精神分裂症父母不闻不理的情形。有迷茫、自卑、无目标、混、空虚、无自觉性、自制力差现象。上课不自觉，会玩手机。（H1 成瘾）

受访者 L：中等职业学校。从早到晚玩手机，手机占时间太多了，形成手机依赖，不敢随便收手机，怕学生拼命。（H1 成瘾）

受访者 L：中等职业学校。职业学校很严重问题是：自卑，无目标，社会环境太否定他们了。有家长觉得在学校混混，拿个毕业证，找个工作就行，有的基本不读书。不存在就业压力。没有运动场所，没有活动空间。学校有 40 分钟的课间活动，学生还是在玩手机。（C1 人生观）

受访者 N：中等职业学校。在人生观方面，就知道钱钱钱，学生觉得将来有钱就是成功。无深层次思考，无追求，混日子。（C1 人生观）

受访者 N：中等职业学校。学生专业选择很多都是父母安排的，学生对自己的专业没有认同感，兴趣不强，动机不强。没有目标，女生迷恋社交，男生迷恋游戏，手机成瘾。（C1 人生观）

受访者 L：中等职业学校。早恋问题很多，不知道怎么把握尺度。有堕胎的，职业学校学生去医院堕胎的很多。2/3 的学生住宿，管早恋特别严。（F3 怀孕）

受访者 S：中等职业学校。职校男生比例高，孩子不跟家长沟通，家长的教育能力不高，就说小孩自身问题。这里的生源很多都是江宁周边的农村，父辈都是打工的，几乎没有务农。单亲家庭的孩子性格孤僻，严重叛逆，跟老师冲突，觉得父母欠他的，觉得谁都对不起他。班级 37 个人，8 个单亲。但是有个孩子是高素质单亲家庭，很阳光，觉得父母都很爱自己，离婚也跟自己没关系。能力强，有思想，优秀。父亲是大医院的专家，母亲是经济学博士。学习时间规划很好。（家庭教育问题）

受访者 S：中等职业学校。都是老师求他学，学习能力弱。单亲家庭最普遍，一个班三四十人，有五六个都是单亲。单亲问题太严重了，生源来源单亲家庭占 10%，主要来自城郊，父辈都是出去打工，

很少种地。（家庭教育问题）

　　受访者 L：中等职业学校。职校生普遍存在两类问题：第一类是学习能力欠缺和行为习惯不好。第二类是单亲家庭多。家庭离异较多，或者家庭子女多，父母的监督教育角色缺位，所以学生学习能力与自我要求不高。自我评价低，价值感低。家庭中未获得满足的部分，就通过结交社会朋友，或者虚拟网络来满足。（家庭教育问题 E1 考试压力）

　　受访者 P：中等职业学校。自我行为问题在青春期的背景下，师生关系紧张、宿舍矛盾明显。耐挫力差，小挫折就寻死觅活的（C2 心理弹性）

　　5. 特殊类型学校访谈

　　（1）留守儿童学校

　　从访谈情况来看，留守儿童在心理健康存在诸多问题，尤其表现在自卑、逆反，存在情绪与交往问题上。父母与孩子分离时间的长短、代养人的教养方式、是否与兄弟姐妹同住，以及性别、年级等是影响留守儿童心理健康的重要因素。留守儿童的心理健康状况与抚养人的受教育程度明显负相关。留守儿童年龄越小，心理问题越突出。留守儿童社会适应不良问题较突出，一些留守儿童不服管教、小偷小摸、抽烟、酗酒、赌博、抢劫等，有些甚至走上了违法犯罪的道路。留守儿童未能得到父母的正确引导和帮助，很容易受到一些不良文化及越轨行为的影响，甚至走上犯罪的道路。另外，父母在儿童 2 岁或 2 岁以下时离开，儿童的抑郁水平最高，随着年龄的增长，抑郁水平表现出逐步上升的趋势。

　　受访者 C：留守儿童学校。留守学校的离婚率很高，单亲家庭的小孩很多。儿童很顺从老师的安排，根本不懂反抗。情感反应迟钝，麻木。（家庭教育问题）

　　受访者 H：留守儿童学校。对留守儿童学校来讲教育很困难，学生不容易融进学校，父母不在，老人也管不了。（留守儿童教育问题）

　　受访者 K：留守儿童学校。农村对孩子关心不够，只给钱。留守

儿童跟校外团伙勾结严重，没人管，受学校警告或者开除。（家庭教育问题）

受访者 W：留守儿童学校。农村父母素质不高，三类家长：①非常关心孩子学习。②想关心但是要生活要打工，就定期打电话督促。③不管不顾，孩子根本都不知道为什么学习，混日子，跟父母有关。一般是隔代教育，五年级的孩子爷爷奶奶只能管衣食，管不了其他。（家庭教育问题）

受访者 H：留守儿童学校。农村家长素质待提高，爸爸普遍打工多。五年级男生语文考 15 分，老人管不了，只管衣食住行。（家庭教育问题）

受访者 Y：留守儿童学校。农村孩子的性格与父母相关，小学老师为了以防意外，不让出去玩。农村相比城里更封闭，女生打架的没有，思想还是很淳朴的。（D3 孤独感）

受访者 B：留守儿童学校。农村小学生不喜欢读书，给老师起绰号，课余没人管，生活单调，时间荒废，看电视，兴趣班少。学校场地有限，就在过道上跳皮筋，不喜欢学习，学习动机不足，没有理想。（C1 人生观）

受访者 Q：留守儿童学校。农村家长对教育重视不够，相当一群学生是留守儿童。家长对孩子考重点大学的希望没有，所以孩子没有自己的目标。（C1 人生观）

受访者 R：留守儿童学校。给老师起绰号，不喜欢读书，没有氛围也没兴趣。课余生活单调，时间多，但都看电视，作业完不成。荒废时间，学校的活动场地有限，没地方可玩，运动项目单调。（C1 人生观）

受访者 C：留守儿童学校。留守儿童，缺少关爱，压力大。有个学生跟校外的人恋爱，被警告，不念书了。（F2 早恋）

（2）流动儿童学校

通过访谈了解到，流动儿童的心理健康问题主要表现在社会适应障碍、性格缺陷、行为障碍、情绪障碍等方面，其中又以性格缺陷、行为障碍最为突出。流动儿童父母的学历低，生活学习环境差。大部分流动儿童课余时间在家里，没有参加各类兴趣培训班，也缺少课外书籍。他们虽然身居城市，但由于与城市孩子的生活差距和不平等，使他们始终处于城市边缘。多数孩子感到受压抑、被歧视，认为城里人看不起他们。不少孩子自卑心理较重，自我保护、封闭意识过强，行为拘谨，性格内向，不愿与人交往。大多数流动儿童在课余时间都要帮父母做家务。调查发现，流动儿童已成为家中的重要劳动力，他们承担了许多家务活，以便父母能全身心地去外面挣钱。

受访者 P：流动儿童学校。我们一班有 56 名学生，父母一起出去打工的有 10 人，爸爸单独出去打工的有 13 人。另外，农村人贩子多，花钱娶媳妇，媳妇跑了，小孩受歧视，社会支持差，拐卖多，小孩是小混混，辍学严重，一个班至少有一个这样的情况。（家庭环境影响）

受访者 Z：流动儿童学校。流动家庭存在重男轻女观念，女孩留家里。流动家庭带男孩出来，不愿意带女孩子出来。（家庭教育问题）

受访者 Q：流动儿童学校。流动家庭父母对孩子零关注。（家庭教育问题）

受访者 Y：流动儿童学校。买卖婚姻的家庭最后多数变成单亲，母亲跑了，易被歧视，社会支持少，性格内向，经常怕他崩溃，最后混入了不良青年群体，辍学了。一个班最少一个是买卖婚姻。（家庭环境影响）

受访者 K：流动儿童学校。流动家庭离婚率不高，留守家庭的离婚率非常高，但是这种儿童都有一个问题就是家长没时间管孩子，忽视孩子。家长的文化水平普遍不高，对知识的需求没有意识。尤其是流动类学校，小孩的学习压力不大，但是学习动机、学习目标不足。家庭问题是孩子行为问题的根源，虚拟社交，手机成瘾，家人的管理，让学生的人际交往存在严重的问题，在学校中同学交往、师生关系成为家校冲突的主要起因。（C1 人生观）

（二）青少年心理发展的主要问题访谈实录

1. 身体健康问题访谈

身体健康指人的生理机能因素，是心理健康的必要条件。本次调查内容核心聚焦身体素质、视力问题。

受访者 W：城市高中。体育课名存实亡，很多学校平时也没有人去操场锻炼。初中生的体育锻炼也只有在考前才会突击。因为很多学校把学生的体育课时间剥夺了。会有一部分想去上体育课的，但作业太多，没时间。图书馆也没有人，都没时间去。（A3 身体素质）

受访者 Z：学校体育项目丰富，学生按照自己的兴趣选择自己喜欢的项目。学校重视，老师管理到位，监督，抓得紧，学生参与性很高。（A3 身体素质）

受访者 S：城郊小学。小学出现不正常的女生，考试 0 分，经常上男厕所，会在地上爬。（A3 身体素质）

受访者 Q：中职校。有职中的学生穷，捡垃圾吃。有个三年级的孩子捡垃圾桶里的东西吃。学校使用的投影仪教学，会伤害学生视力。（A2 视力、A3 身体素质）

受访者 Q：城市初中。50% 的初一学生上下学均由家长接送，家长保护过多，身体虚弱，每班 3 人严重。（A3 身体素质）

受访者 C：城市重点小学。因为学业压力和手机的普及，学生的整体身体素质逐年下降。例如，少年白发，40 多人中超过 10 人有白发。（A3 身体素质）

受访者 C：城市初中。时间主要用在学习上，所以生活自理能力糟糕。（A3 身体素质）

受访者 B：城市高中。体育课时操场基本没有人，需要体育课老师在班上强制叫人上课。但有些高中班体育课正常开展，自由活动多，女生跑步，男生打球，体育项目较丰富，打羽毛球乒乓球，学生参与度高。（A3 身体素质）

受访者 M：区重点小学，本地居民为主，家长文化相对高（老师、医生居多），会重视教育，但学生自理能力差，抗挫折能力差。四年级女生，父母高校老师，母亲迷信教育理念，高文化的父母喜欢用教育理念来要求女儿，学生作业写不完。父亲与她教育理念相左，母亲固执。1 个小时作业量，2 个小时钢琴。女孩视力不好已经近视500 度了（A2 视力）

2. 自我意识问题访谈

自我意识涉及主体到自身的意识，含有理想的我与现实中的我、主观之我与客观之我，突出地表现在自我评价、自我纳悦、自我关注等方面。本次调查内容核心聚焦青少年长相、偶像认同、自卑问题。

受访者 A：镇上中学，生源差，优质生源流失 200 人左右，70% 的外来学生。女孩初二，自觉长得不好，父母离异而且母亲再婚。小女孩被家长送学校就逃跑，保安抓不了。弟弟上幼儿园，家长让小女孩带弟弟。小女孩有些自闭，不愿意讲话。（B1 身体长相）

受访者 W：城市小学。偶像崇拜：娱乐明星。男孩追库里，女孩追日韩明星。小学生爱看跑男。（B2 偶像认同）

受访者 D：城市高中。高中生否定 TFBOYS，喜欢吐嘈，喜欢欧美日韩的明星较多。初中生盲目跟风严重。女生追星居多，男生打游戏居多。（B2 偶像认同）

受访者 S：城市初中。初中生喜欢 TFBOYS、吴亦凡，鹿晗等类型的明星。小学生多喜欢漫画，《阿衰正传》，《马小跳》等故事书。（B2 偶像认同）

受访者 S：城市中学。媒体责任大，很多学生不知道名人，只知道 EXO。（B2 偶像认同）

受访者 W：农村小学。喜欢 TFBOY 相当多，相当于当年的小虎队，特别是小学中高年级女生喜欢 TFBOY。还喜欢宋仲基、金贤秀、李敏镐、鹿晗、李易峰，以及韩剧《来自星星的你》。（B2 偶像认同）

受访者 Q：农村小学。这几年自闭的孩子变多了，不愿别人看到他，也不爱说话。很多孩子变得易怒。（B3 自卑）

受访者 A：高中艺术类学校，男，内向自卑，不说话，家庭一般。经常在厕所用刀划手，休学 2 年，打工干保险。亲戚有钱而他家穷，存在攀比的心态，性格有问题。（B3 自卑）

受访者 C：城郊重点高中，精神分裂，有被害的妄想。高一退学，家境贫困，家庭状况差，爸爸眼疾，靠资助。自幼性格自卑，看别人的眼神不一样，觉得自己无优点，皮肤黑，父亲残疾，身体外貌

不好。（B3 自卑）

受访者 L：中职校。学生自卑感重，从不讲话。有的学生爱理发的，说学校不让用吹风机，就烫发。来自单亲家庭的孩子的自卑感特别强。（B3 自卑）

3. 社会适应问题访谈

社会适应指个体为了在社会更好生存而进行的心理上、生理上以及行为上的各种适应性的改变，与社会达到和谐状态的一种执行适应能力。本次调查内容核心聚焦青少年人生观和心理弹性问题。

受访者 C：农村中学。现在的学生世界观和人生观不正确，大多数学生的理想是找一个有钱的老婆或老公。学生的价值观存在严重的问题，认为有钱就是一切，有钱就可以随便欺负别人。（C1 人生观）

受访者 H：城市中学。学生信息闭塞，不知道屠呦呦，关注点只在学习，不关心国家时事，影响国家认同。（C1 人生观）

受访者 W：农村中学。孩子不知道对错，不知道听父母哪一方。父母离异后，孩子由爷爷奶奶管，而且只管吃饱饭。（C1 人生观）

受访者 F：高中艺术类，高一男生自残，同性恋，我和别人发生过性关系。退学，影响其他人学习。世界观和人生观不正确，学生的理想是找一个有钱的老婆。学校类型决定学生态度性格，学生拜金现象严重。（C1 人生观）

受访者 E：省重点、市直属高中，高二，男，喜欢哲学，特别是尼采，自杀想法早就有。家庭经济很好，社会中上层，学习非常好，从小喜欢研究尼采的人生观。父母心里有阴影，居高临下看人生。（C1 人生观）

受访者 N：职业技术学校，三年制＋五年制，女，朝鲜族。职校1 年级，来自多子女家庭，父母都是博士，小女孩自己说自己有精神疾病。初中第一个弟弟快出生的时候情绪爆发。现在第二个弟弟要出生了，情绪又爆发了。因为身体和厌学的原因而休学。（C2 心理弹性）

受访者 G：城市小学。现在小孩心理耐挫力很差，一点小挫折就爆发。（C2 心理弹性）

受访者 H：城市高中。高一学生很幼稚，女生有点小矛盾就受不了，耐挫力很差。（C2 心理弹性）

受访者 H：城市高中。高二学生喜欢尼采，但研究过尼采的人生观后想自杀。（C2 心理弹性）

4. 人际关系问题访谈

良好的人际关系可以使人心情愉快、有安全与归属感；不良的人际关系使人感到压抑和紧张，承受孤独与寂寞。本次调查内容核心聚焦青少年诚信、自闭、孤独感、宽容问题。

受访者 S：城市小学。诚信是我们中华民族的优良传统。学生中有假冒家长签名的，我们的学生抄袭作业普遍，发现考试成绩单上，如果老师多给了 10 分，同学不会跟老师说。（D1 诚信）

受访者 M：农村小学。很多学生在学校不容易交上朋友，很难让别的同学喜欢，独来独往，没有人值得信赖，有的学生常感到寂寞。（D3 孤独感）

受访者 B：城郊小学。现在学生自我中心很重。人际关系问题中父母对其影响很大，发生人际冲突的时候老师的引导作用也很大。如今小学生个性过强，师生矛盾变多，如果老师的处理方式不对，孩子会不愿上他的课，甚至在明处或者背地里会有学生想要报复老师。（D4 宽容）

受访者 W：城市小学。小学孩子越来越粗心，情感反应迟钝，无所谓，麻木。（D2 自闭）

受访者 J：农村小学。异食癖：小学一年级，男，喜欢吃土，吃粉笔，自闭症，小孩经常搞破坏。（D2 自闭）

5. 学习心理问题访谈

学习心理问题主要包括学习兴趣、成绩攀比、记忆力的波动、焦虑综合征等。本次调查内容核心聚焦青少年学业压力和考试焦虑问题。

受访者 Y：农村中学。学生学习不开心，很多都不知道为什么要学。（E1 学业压力）

受访者 Y：城市小学。课外兴趣丰富：奥数，画画，钢琴，跆拳道，学科或艺术类，中学生课外阅读只读与考试有关的名著，周末上辅导班，时间安排紧张。90%学生上辅导班。阅读积累至少每天30分钟，中午还有40分钟阅读。（E1 学业压力）

受访者 C：城市小学。身体素质差，全是学习兴趣班，其他兴趣班没有。课外兴趣、活动特别单调，家长送孩子补课，基本都是学习类兴趣班。（E1 学业压力）

受访者 G：城市高中。学校对晚自修没有实行弹性管理，对高中的同学，应准备三种不同的晚自修教室，最迟 11：00 放学。（E1 学业压力）

受访者 P：农村中学。普遍学习动机不足，无所事事，上课听不懂，不喜欢理科。农村中学补课严重，早自修 2 节，上午 4 节，下午 2 节正课，预习课，晚上 3 节，一天从早晨 6 点到晚上 8 点半，对学习反感。（E1 学业压力）

受访者 C：城市高中。强化班分班造成心理问题大，对学生成长不利，使有的学生孤独。（E1 学业压力）

受访者 P：中职校。近几年休学人数越来越多。一些职校休学严重，5000 人的学校一年休学十几个，休学原因：厌学或者身体不好。（E1 学业压力）

受访者 L：城市高中。高中学业压力大，亲子冲突厉害。课业负担重，睡眠不足，身体差。6 个小时的睡眠就是好的。80% 的戴眼镜。手机成瘾，体育课玩游戏，男生不打球，打游戏。（E1 学业压力）

受访者 D：城市高中。高中生家长担心小孩的安全，所以多选择接送小孩，但怕路上浪费时间，所以让在电瓶车上看书。民办学校，学费一年期 4 万元。（E1 学业压力）

受访者 L：城市初中。初三男生喝 84 消毒液，自己觉得家里压力大，老师对自己的关注也不大。（E1 学业压力）

受访者 Q：城市私立中学。课很多，不想学，学习累。补课现象严重，学业压力，对学习反感。心理承受太差，学校管制太多，包括吃饭都看着，军事化管理。（E1 学业压力）

受访者 A：城郊重点高中，优质生源重点高中，学习压力很大。学校升学率一本 50%、二本 80%，城郊，80% 住校，除了睡觉日常都在教室，时间很紧。教改班是重点班，受访者 A 是教改班学生曾获得全国大奖，男，内向，高三高强度学习，抑郁吃药，智力失常，进教室感呼吸困难，没能参加高考。考试压力致使近几年休学人数越来越多。（E1 学业压力）

受访者 H：城市中学。学生跟成人关注事件的点都不一样，时事、新闻基本不关注，只关注学习、成绩，与自己无关的从不关心，很多人连屠呦呦都不知道。（E1 学业压力）

受访者 C：郊区小学，无心理健康专职老师，六年级女生很迷恋TFBOYS，自觉压力很大，考试前睡不着，考试焦虑明显。（E2 考试焦虑）

受访者 D：城市高中。高三学生，模拟考虽然做了充分准备，但成绩不理想，并非不会，一到考试的时候就紧张，想控制就是控制不住。（E2 考试焦虑）

6. 性心理问题访谈

性心理问题主要是性意识的困扰，有被异性吸引、常想到性、总是性幻想及性梦等表现。本次调查内容核心聚焦青少年早熟、早恋问题。

受访者 F：农民工学校，公办，本地拆迁＋外来务工＋新市民落户。初二，男，身材魁梧，欺负同学，散播与性有关的信息，语言表述有问题，喜欢日本动漫（性色情信息传播），在班上会对女生有不好的行为，调戏女生，成绩倒数第一。自己说小学五年级的时候，老师不在，全班一起欺负他，觉得世界都是他的敌人。（F1 早熟）

受访者 S：城市小学。小学四年级男生，有一个女朋友，但又喜欢另一个女同学。青春期提前了近 10 岁。（F1 早熟）

受访者 R：城市高中。性方面，有性行为的不在少数。通过网络，学生能做到很好的避孕。小孩都懂，但好多老师却信息闭塞。高中性行为一年比一年多，男生会接触黄色、血腥的图像、影视，以至于无法控制有自慰行为。（F1 早熟）

受访者 Y：城郊小学。小学二年级的男生会打奶奶，青春期早熟，女孩更早熟，小学三年级就学会了上黄色网站。学生许多亲昵动作公开化。小学六年级学生发现有早恋，有拥抱行为。小学五、六年级学生对性好奇，但不了解，初中以后会从网上获取信息，浏览黄色信息上瘾，普遍有手淫的行为。（F1 早熟）小学三年级，男生，早恋，用巧克力、辣条赢得女生芳心。（F2 早恋）小学五年级，男，画黄色漫画。（F1 早熟）

受访者 Y：城市小学。青春期提前了，早熟。五六年级性意识萌动，黄色网站信息的不良传播，很多学生看网络色情片。（F1 早熟）

受访者 H：城市小学。六年级谈恋爱会有苗头，但不明显，大多是班级同学之间说笑。（F2 早恋）

受访者 Y：城市初中。生理早熟，青春期提前，影视作品让孩子过度社会化，模仿成人的行为，但是普遍心智不够成熟，就显得生理和心理很不匹配。（F1 早熟）

受访者 H：农村中学。恋爱已经成为一个开放的事情，家长的态度开放，学生群体效仿、炫耀、好奇、心理需要等。早恋班主任会制止，但是堵不住，宜疏不宜堵。（F2 早恋）

受访者 K：城郊初中。女追男也多，交往很直白，也很大胆。男生为了女孩急得打玻璃，他觉得父母跟他讲话很烦。（F2 早恋）

受访者 W：城市中学。高中生男性自慰普遍，有的看血腥图片。（F1 早熟）

受访者 S：农村中学。农村中学早恋很普遍，一男一女，女生无害羞感，40 人一班有 2 对左右。早恋跟风严重，一对早恋蔓延为很多对早恋。（F2 早恋）

受访者 W：农村中学。早恋居多，现在班级很开放，习以为常，学生很宽容，每个班都会有一两对，跨班级或跨年级。现在学生课间看恐怖电影，男女一起看，还津津有味。农村中学生早恋，学生比较保守，但会跟风。（F2 早恋）

7. 品行问题访谈

品行问题指人的行为品德。本次调查内容核心聚焦青少年犯罪、吸毒、打架、偷窃、撒谎、离家出走等问题。

受访者 W：流动小学。外来务工小学学生问题多。经常威胁老师，声称要自杀，要跳楼。父母离异，小学生曾三次离家出走。小学三年级偷老师手机。小学生偷东西，偷老师的笔记本，但是孩子本身不怎么缺钱。（G2 犯罪）

受访者 D：流动小学。偷东西的孩子可能是因为家庭贫困。小学生偷窃严重，偷老师电脑，家庭责任大。（G2 犯罪 G6 偷窃）

受访者 D：中职校。有学生经常跟社会青年混，常去 KTV 唱歌，发现桌子上碟子里有白色的东西。朋友给他一根吸管，让他尝尝就吸了，吸了几口，然后就上瘾了，最后满面憔悴。（吸毒 G3）

受访者 G：重点初中，4 所分校，6000 多名学生。父母安排很多，过于束缚管制。父母觉得：小孩懂什么，我的安排很好。男孩与父亲冲突，打架，亲子关系中父母忽视或者过度管教。（G4 打架）

受访者 M：中职校。某职中的学生，女孩打宿舍管理员，敌视班主任，父母管不了，摔东西，声称要自杀，张口骂人。（G4 打架）

受访者 L：流动小学。小学五年级学生，跟所有的老师顶嘴，冲突，有暴力倾向，不讲道理，只动手。父亲坐牢 9 年，又找了个老婆，生了孩子。有家庭暴力，父亲打他，他就打弟弟。（G1 暴力攻击）

受访者 S：中职校。现在的学生难理解，老师管不了学生，认为老师不敢打他。学生也不怕父母、有恃无恐。（G1 暴力攻击）

受访者 P：城郊接合带，3/5 住校生，县级生源，职校。17 岁，职校二年级，来自单亲家庭，女孩打宿舍管理员，敌视班主任，父母管不了，经常乱摔东西，扬言要自杀，张口就骂人。家长简单粗暴，文化水平不高。（G4 打架）

受访者 S：一般小学，拆迁户，父亲吸毒，两次坐牢，从其他小学转来成绩差，母亲属于黑社会，他经常撒谎，偷钱，木讷，讨好同学。父母初中文化程度，学习无动力，进取心不高，深度自卑，有暴力行为。（G6 偷窃 G5 撒谎）

受访者 M：高职四年级男生，父母管教严格，很爱说谎，甚至生

活在谎言中，人格障碍。学习一般，同学很不喜欢他，自私。（G5 撒谎）

受访者 D：高中艺术类，男孩不爱说话，答非所问，经常痴笑，家庭不认为孩子心理有问题。迷恋网络游戏，特别是日本动漫，有色情、电子竞赛游戏，网络自我保护意识差，网友威吓：你不见面，我就抖出你家秘密。离家出走：不怕父母，有恃无恐，无责任心。（G7 离家出走）

受访者 H：城郊初中。城郊接合带学校学生问题行为多：撒谎，攻击行为，偷窃。头撞讲台，爬栏杆，散播与性有关的信息，语言表述有问题，喜欢日本动漫（性色情信息传播），在班上会对女生有不好的行为。（G1 暴力攻击、G2 犯罪、G5 撒谎）

8. 心理危机访谈

心理危机主要是指自杀意念与行为。本次调查内容核心聚焦青少年自杀自残倾向、成瘾方面问题。访谈中发现，在江苏众多的自杀自残中，学习压力和恋爱成为主因，最近几年，15—25 岁的人群成为自杀的高峰人群，其中中学生自杀比例更为突出。

经常划手找快感。家长投诉学校，学生学习无目标，没有生涯课，亲子关系主要围绕学习。（H2 自杀自残倾向）

受访者 P：城市中学。高中女生有自残问题，主要是压力释放。初中自残是好奇，心态畸形化。（H2 自杀自残倾向）

受访者 B：城郊重点高中。高一男生，单亲，妈妈抚养长大，由于妈妈做生意，他经常独处。到女生厕所偷窥，被发现后想跳楼。（H2 自杀自残倾向）

受访者 Z：中职校。失控家庭的孩子会出现网瘾，电子产品需要家庭正确引导使用，特别是在时间控制上。（H1 成瘾）

受访者 R：重点小学，名校。小学四年级，男生，喜欢上网，成瘾严重，玩几个小时。妈妈管理比较松，他对妈妈说："你要不让我上网，我的人生就没有意义。"拿成绩与妈妈讨价还价，学习就是为了上网，不让上网，学习就没有意义了。（H1 成瘾）

受访者 Z：城市中学。孩子在玩游戏中有成就感，被认可。家长

不让上网，孩子会拼命的，不给就冲突。（H1 成瘾）

受访者 S：城市高中。小说成瘾，手机成瘾，学习压力大，脱离现实，高三显现出来。（H1 成瘾）

四　成因分析

今天的家庭教育让孩子失去学习的兴趣，学校教育让孩子失去身体的健康，社会教育让孩子失去心理的幸福。心理活动是一个极其复杂的动态系统，因而影响心理健康的因素也是复杂多样的。既有社会因素，又有家庭因素和学生个体因素，是多种因素互相作用于个体的结果。"四品说"在今天也很流行，即智育不好是次品，体育不好是废品，德育不好是危险品，心理健康不好是易爆品。

（一）家庭环境不良

家庭环境对人的个性会产生很大影响，现代父母的教育方式会直接影响子女能否健康成长。在中国的家庭教育中，最缺乏的也就是未成年人的性格培养，许多家庭父母都忙于工作和人际应酬，对孩子养而不育，或推给老人、或保姆、或供宿学校，使孩子缺乏亲情。有的单亲家庭，给孩子形成心理阴影。有的暴力家庭使孩子身心受摧残，留下仇恨、报复的阴影。有的家庭望子成龙，软硬兼施，使孩子欲哭无泪；有的家庭对孩子不闻不问，任其自生自灭，胡作非为。更有甚者，父母不良的言传身教，致使孩子从小便走上歪路。提高家长的家庭教育素养，使之能遵循孩子的身心发展规律进行家庭教育，这是提高未成年人心理健康水平的重要一环。

受访者 L：城市重点小学。很多孩子喜欢 TFBOYS，特别是小学中高年级女生很喜欢 TFBOYS，TFBOYS 相当于当年的小虎队，也有学生喜欢 Angelababy，因为觉得她漂亮。（B2 偶像认同）

受访者 G：农村拆迁小学。家庭里重男轻女思想严重，男孩被带进城市，女孩留在农村。女孩在成长过程中被忽视，缺乏父母的关爱，早熟，家庭关系紧张。

受访者 S：郊区小学，家庭关系对孩子的影响是根源。父母文化水平有限，不知道如何参与孩子的教育。

受访者 R：流动小学，流动家庭、单亲家庭、留守儿童家庭问题严重，重男轻女，男孩带进城市，女孩留在家里。

受访者 T：农村小学，农村教育水平低，家长文化水平低，经济不发达，家境不好，网络不发达，信息闭塞，子女多，父母对孩子的学习零关注。

受访者 B：中等职业学校，职业学校学生家庭离异较多，不完整的家庭多，多子女的家庭多，父母的监督教育角色缺位，所以学生学习能力与自我要求不高。自我评价低，价值感低。家庭中未获得满足的部分，就通过结交社会朋友，或者虚拟网络来满足。

受访者 J：农村中学，如果父母离异，孩子的性格差异会很明显，家庭矛盾很严重，他们总让他做选择。母亲剪了网线，他不想上学了。

受访者 P：流动学校，家庭不接受孩子心理有问题，估计有30%家长不配合学校。

受访者 M：城市中学，孩子在学校表现很好，非常完美，在家里表现差，打妈妈。

受访者 Z：流动学校，苏州某学校，有58%的单亲家庭。爸爸妈妈不过问孩子，甚至出现爷爷奶奶跟学校打招呼，不许妈妈探视孩子。

受访者 S：流动学校，一些家庭父母爱的方式简单粗暴，小孩感受不到，父母没有爱的能力。但孩子自理能力强，纯朴，孩子课外无阅读。父母忙于生计，无暇顾及孩子成长和学习。

受访者 W：城市小学，一些高文化的父母喜欢用教育理念来要求孩子，导致小孩压力大。

受访者 Q：流动学校，特殊家庭辍学的多，拆迁户一半以上的小学同学有兄弟姐妹，很多家长不在乎成绩。生意越大、家庭越忙对孩子越没要求。

（二）社会环境

近朱者赤，近墨者黑，不良的社会环境往往对心理发展产生消极影响。从调研中发现，苏北孩子比苏南孩子好教育，比较单纯。网络成瘾是一种强烈过度使用网络取得心理满足的心理状态，有些青少年迷恋在网上建立友谊和结交异性朋友，有些未成年人迷恋玩游戏、聊天；有些未成年人沉迷色情内容。

社会的多变性、多样性及信息社会化直接影响青少年的价值取向、人生观、世界观的生成，致使青少年道德失范和违法犯罪。

净化社会环境是全社会共同的责任，应加强政府、社区、学校、家庭、社会的配合，每个家庭、每个公民应成为净化社会环境、促进青少年健康成长的组织者、参与者、督促者、践行者。只有全社会建立有效的共管机制，让青少年在激情愉悦的乐园中健康茁壮成长。

受访者 P：城郊中学，单亲家庭的孩子有严重的行为问题，去网络中结交社会上的人。他们白天睡觉，其中甚至有些孩子动手打自己的父母，觉得妈妈很无用。有的家庭孩子在童年期他们的爸爸对妈妈有家暴。

受访者 N：农村中学，城里孩子多才多艺，而农村的孩子落差很大，很孤独，觉得生活无意义。

受访者 T：城市中学，一些孩子网络自我保护意识差，网友恐吓"你不见面，我就说出你家秘密"。

受访者 W：私立学校，苏州的经济水平使得有很多的贵族学校，贵族学校的家庭大多优越但是没有时间管理孩子。

（三）学校教育偏差

当前我国的中考和高考仍在主宰着多数学生的命运，因而学习成绩好便成为重中之重。老师狠抓分数，学校注重分数，学生也只好忙于分数。中小学生由于长时间处于紧张的学习状态，社会活动较少，和同学、朋友之间的沟通时间也在逐渐减少，使他们的情绪压力不能够缓解，进而产生不同程度的心理疾患。学生的心理健康问题具有一定隐蔽性，老师对学生的心理问题有时不能及时发现。另一方面受客观条件的限制，许多教育工作者身心疲惫，巨大的压力，繁重的工作，使得教师本身的心理问题和障碍凸显，势必会反作用于学生身上。

当前学校心理健康课普遍不受关注，初中兼职心理不算工作量，其实学生上心理课很开心，但是属于副课，心理健康老师大多兼职。苏州一小学外来务工80%，学校没有心理健康老师，家庭没人管。

受访者S：城市高中。班级名字繁多，最好的叫基地班，中等的叫实验班，普通的叫强化班，学校有个华星班是经过严格筛选的，20男，20女，全年级前40名才能进，模仿南通如皋，但最好的华星班我觉得有很多学生学习虽好行为却很幼稚。

受访者B：城市初中。师生关系在有些方面不好，有些学生通过贴吧、群、网络、学校用语言攻击老师的学生特别多。

受访者A：城市中学。现在家庭根本不配合学校，学校会禁用手机，但是家长心疼，偷偷给。

第五节　初三、高三学生心理健康调查研究

一　调查对象

调查采用目的性随机取样，对江苏省内的初高中进行了随机的访谈和问卷调查。参加本次研究的学校有：江苏省南京市五中、苏州市苏苑高级中学、张家港外国语学校、常州溧阳市第二中学、常州溧阳市第三中学、江苏省无锡市积余实验中学、无锡江阴市南菁中学、无锡市宜兴中学、无锡宜兴市阳羡高级中学、无锡宜兴市汇文中学、无锡宜兴市烟林中学、无锡市辅仁高级中学、南通市如东县实验中学、南通市如东县马塘高级中学、南通市海门市天补中学、南通市如东县实验中学、海安县海陵中学、镇江市句容市二中、镇江市句容中等专业学校、镇江市丹阳六中、泰州市海陵中学、徐州市铜山县郑集中学、淮安市清江中学、淮安金湖县中学、淮安洪泽县实验中学、宿迁市沭阳一中、宿迁市马陵中学、宿迁市清华中学。本次调查研究共发放问卷1200份，问卷对象为所有的初三和高三中学毕业生。获得有效问卷1168份，回收率97%。

二　初三、高三学生心理健康总体状况研究

随着社会的飞速发展，中小学生赖以生存的社会、学校、家庭的

客观环境正在发生着深刻的变化，市场经济大潮的冲击，人们生活方式和价值观念的变化，特别是升学的压力，使当代中学毕业生心理问题比以往更为突出。初三和高三学生表现出来的心理问题已经引起了整个社会的关注，长时间高强度、超负荷的学习使得他们的生理和心理受到严重影响。

（一）研究方法与工具

SCL_ 90 心理健康量表是当前使用最为广泛的精神障碍和心理疾病门诊检查量表，适用对象为 16 岁以上人员。该量表共有 90 题，每个题目都采用五级评分制。最低分为 0，表示无症状；最高分为 4 分，表示症状严重。SCL_ 90 对有心理症状的人有良好的区分能力，适用于测查哪些人可能有心理障碍、可能有何种心理障碍及其严重程度如何。本测验共 90 个自我评定项目。它的九个因子包括：躯体化、强迫症、人际关系敏感、抑郁、焦虑、敌对、恐怖、偏执及精神病性。心理健康症状自评量表是为了评定个体在感觉、情绪、思维、行为直至生活习惯、人际关系、饮食睡眠等方面的心理健康症状而设计的。

（二）程序

本研究以团体为单位进行施测，采取纸笔施测的方式，在教室由任课教师和研究者协同指导学生完成问卷。问卷调查所获数据直接用 SPSS11. 5 for Windows 和 AMOS 4.0 专业软件包进行统计处理。

（三）结果分析

1. 心理健康状况的性别差异

为了考察中学生心理健康的性别差异特点，进一步分析性别差异对中学生心理健康的影响，结果如表所示：

表61　　　　　　　　　中学生心理健康的性别差异

性别	M	SD
男	97.94	38.37
女	111.93	51.67

从表中可以看出，在中学生心理健康的性别差异中，女生相比男生心理健康水平更高。

为了考察中学生心理健康各维度的性别差异特点，进一步分析性别差异对中学生心理健康的影响，结果如表所示：

表62　　　　　　　中学生心理健康各维度的性别差异

项目	男		女	
	M	*SD*	*M*	*SD*
躯体化	.75	.52	.89	.57
强迫	1.53	.62	1.60	.69
人际敏感	1.41	.53	1.38	.68
抑郁	1.08	.52	1.40	.78
焦虑	1.05	.54	1.36	.74
敌对	1.16	.48	1.43	.93
恐怖	.94	.63	1.02	.63
偏执	1.07	.45	1.19	.69
精神病性	1.01	.53	1.08	.69

从表中可以看出，男女在躯体化方面较好，女生在抑郁、敌对要高于男生。女生在人际交往方面比起男生更为偏执一些。除此以外，女生相较于男生也容易出现焦虑、神经质状况。这些差异很大一部分应该归结为男女性别差异所导致的。

2. 心理健康的年级差异

为了考察中学生心理健康的年级差异特点，进一步分析年级差异对中学生心理健康的影响，结果如表所示：

表63　　　　　　　中学生心理健康的年级差异

年级	*M*	*SD*
初三	106.22	46.94
高三	100.84	46.87

从表中可以看出，在初三、高三心理健康各维度的年级差异上，初三心理健康水平比高三差些，但差别不是太大。

为了考察中学生心理健康各维度的年级差异特点，进一步分析年级差异对中学生心理健康的影响，结果如表所示：

表64　　　　　　　　中学生心理健康各维度的年级差异

项目	初三		高三	
	M	SD	M	SD
躯体化	.82	.54	.77	.55
强迫	1.58	.67	1.53	.59
人际敏感	1.38	.61	1.36	.68
抑郁	1.26	.71	1.26	.61
焦虑	1.25	.70	1.07	.56
敌对	1.34	.79	1.21	.71
恐怖	.96	.63	.96	.62
偏执	1.16	.60	1.03	.54
精神病性	1.04	.62	.99	.65

从表中可以看出，初三学生在焦虑、敌对上要高于高三学生。在人际敏感和躯体化方面无显著差异，初三学生在强迫方面表现得较高三学生更为明显，这是我们心理辅导老师应该重点关注的方面。

3. 中学生心理健康的城乡差异

为了考察中学生心理健康的城乡特点，进一步分析城乡差异对中学生心理健康的影响，结果如表所示：

表65　　　　　　　　中学生心理健康各维度的城乡差异

	农村		城镇	
	M	SD	M	SD
心理健康	103.87	45.54	106.83	47.44

　　为了考察中学生心理健康各维度的城乡差异特点，进一步分析城乡差异对中学生心理健康的影响，结果如表所示：

表66　　　　　　　　**中学生心理健康各维度的城乡差异**

项目	农村		城镇	
	M	*SD*	*M*	*SD*
躯体化	.79	.60	.84	.51
强迫	1.59	.68	1.55	.63
人际敏感	1.48	.59	1.33	.62
抑郁	1.24	.73	1.26	.66
焦虑	1.14	.72	1.27	.63
敌对	1.15	.64	1.40	.83
恐怖	.98	.64	.98	.62
偏执	1.05	.53	1.18	.62
精神病性	1.07	.65	1.02	.60

　　从表中可以看出，初三学生在人际敏感高于高三同学，而高三同学在敌对方面高于初三学生。农村学生显著高于城市学生的焦虑症状评分，这可能是城市更多的学生都是独生子女，父母都很娇惯溺爱他们，他们可能会体验到更多的生活中的优越性。所以他们可能会有较多的朋友，敢于同别人交往，不怕生人。农村学生由于环境原因有很多合作伙伴，让他们慢慢学会了与人沟通，很少有与人打交道的困难。因此，农村中学生和城里中学生在总的心理健康程度上没有明显差别。

　　（四）结论建议

　　心理健康教育是德育工作的一个新课题，是帮助学生正确处理好学习、生活、择业和人际关系，培养健全人格的手段和有效途径。中高考生心理承受能力的高低，心态平衡健康与否，直接决定他们未来能否接受挑战。中小学生心理健康不仅仅是进行简单的心理咨询或上几节心理课，而应是全方位、文体化、综合性教育过程。学校是促进中小学生心理健康最适宜的场所，可以给学生以一定的帮助、指导，促进他们认识结构和情感与态度模式有所变化，能对自己的行为作出评价和选择，解决在学习和生活中出现的问题，从而更好地适应新环境。

三　初三、高三学生疲劳心理研究

疲劳是人们连续学习或工作以后效率下降的一种现象[①]，又可以分为生理疲劳与心理疲劳。生理疲劳是指由于不间断的工作而致使个体能量消耗的生理症状。心理疲劳是精神心理因素、不良情绪等引起生活功能降低的亚健康状态[②]。

多维疲劳是指疲劳的不同方面，它主要包括体力疲劳、活动减少、动力下降以及脑力疲劳四个方面。学习疲劳是指由于学习活动过于强烈或过于持久而导致学习效率下降的一种身心状态[③]。初三、高三学生在学习时感受到的短暂轻度疲劳无碍于身体健康，属于正常现象。但如果此类感受经常发生或发生时间较为持久，可能会引发学生神经衰弱，严重的还可能导致心理问题。

（一）研究工具

本次调查主要采用《中学生多维疲劳量表（MFI）中文版》（苗雨，刘晓虹，刘伟志，谢洪波，邓光辉，2008）和《中学生学习疲劳量表》[④]。

《中学生多维疲劳量表（MFI）中文版》共 20 个条目，由综合性疲劳（general fatigue）、体力疲劳（physical fatigue）、活动减少（reduced activity）、动力下降（reduced motivation）以及脑力疲劳（mental fatigue）这五个维度构成。为了尽可能地降低对某一方向选择的倾

---

① 张凤岐：《高中学生疲劳程度与原因调查分析》，《吉林医学》2010 年第 8 期。
② 毛嘉陵：《什么是心理性疲劳》，《中国中医药报》2006 年第 10 期。
③ 顾陆希：《中学生学习疲劳现象的调查与思考》，《探索》2004 年第 7 期。
④ 张志园：《中学生学习疲劳的量表编制与干预研究》，《山西师范大学学报》2013 年第 6 期。

向，每个维度都包含 2 个疲劳的表述和 2 个正相反即不疲劳的表述，共 4 个条目。"综合性疲劳"包括条目 1、5、12、16；"体力疲劳"包括条目 2、8、14、20；"活动减少"包括条目 3、6、10、17；"动力下降"包括条目 4、9、15、18；"脑力疲劳"包括条目 7、11、13、19。因为中国人的语言习惯是将数字 1 界定为最低程度，即"完全不符合"，而将 5 界定为最高程度，即"完全符合"，本研究为国人使用，将原量表的 5 级评分改为"1 = 完全不符合，2 = 比较不符合，3 = 不确定，4 = 比较符合，5 = 完全符合"。表示疲劳的 10 个项目正向记分，不疲劳的 10 个项目反向记分，总分越高说明疲劳程度越高。

《中学生学习疲劳量表》共计 24 题，分为躯体症状、情绪失调、认知障碍三个维度，因子 1 包括 8 个项目（5、7、8、9、12、18、21、22），涉及头晕、头疼、腹胀、四肢沉重、肩颈酸痛等身体上的不适，因而命名为躯体症状。因子 2 包括 8 个项目（1、2、4、6、11、17、19、24），涉及心烦、躁动、沮丧、郁闷、紧张、冲动、易怒、忧虑、压力大、焦急不安等不良情绪反应，因而命名为情绪失调。因子 3 包括 8 个项目（3、10、13、14、15、16、20、23），涉及效率下降、不专心、注意力分散、思维混乱、习题错误率高、思维呆滞、记忆力减退等认知活动能力的下降，因而命名为认知障碍。每个症状有 5 种不同的评定等级，1 = "非常不符合"、2 = "比较不符合"、3 = "不确定"、4 = "比较符合"、5 = "非常符合"选 n 就记 n 分，总分 = 所有题目得分之和，总均分 = 总分/24。

（二）研究过程

本研究以团体为单位进行施测，采取问卷的形式施测，在教室由研究者或任课老师协同指导学生完成问卷。问卷调查所获数据直接用 SPSS 17.0 for Windows 进行统计处理。

鉴于问卷所得回答是分级的，在研究分析过程中我们采用克伦巴赫系数来表示同质性信度。一般来说，问卷的信度系数在 0.900 以上，表示非常稳定；信度系数值低于 0.70 则表示量表不够稳定。经过统计分析得：《中学生多维疲劳量表（MFI）中文版》的克伦巴赫系数为 0.84，中学生学习疲劳量表的克伦巴赫系数为 0.95，阐明这两个量表都有较好的内部一致性。

（三）结果与分析

1. 初三、高三学生疲劳的考察

为了考察初三、高三学生疲劳的特点，我们采用描述统计分析方法，将问卷数据录入 SPSS 软件，结果如表所示：

表 67　　　　　　　　　　　**多维疲劳的描述**

项目	M	SD
综合性疲劳	12.13	3.61
体力疲劳	9.86	3.57
活动减少	10.51	3.23
动力下降	9.00	2.93
脑力疲劳	11.27	3.31

表 68　　　　　　　　　　　**学习疲劳的描述**

项目	M	SD
躯体症状	18.60	7.63
情绪失调	22.38	8.21
认知障碍	22.94	7.96
总计	63.92	21.30

从表中可以看出，初三、高三学生的综合性疲劳、脑力疲劳因子得分偏高，说明初三、高三毕业生的心理压力大、疲劳感比较强烈。同时，综合性疲劳因子的标准差较大，说明综合性疲劳因子波动较大，即受其他因素的影响较大。从表中可以看出，初三、高三学生的情绪失调和认知障碍两个因子的得分较高，说明初三、高三毕业生存在情绪失落、郁郁寡欢、学习动力不足、缺乏正确学习动力的情况。

2. 性别与疲劳的关系

为了考察初三、高三学生疲劳的特点，我们采用描述统计分析方法，将问卷数据录入 SPSS 软件，结果如表所示：

表 69　　　　　　　　多维疲劳的性别差异

项目	男		女	
	M	SD	M	SD
综合性疲劳	11.74	3.62	12.45	3.60
体力疲劳	10.00	3.88	9.75	3.31
活动减少	10.21	3.41	10.77	3.08
动力下降	8.95	3.11	9.03	2.80
脑力疲劳	11.07	2.87	11.43	3.65

表 70　　　　　　　　学习疲劳的性别差异

项目	男		女	
	M	SD	M	SD
躯体症状	18.06	7.50	19.12	7.78
情绪失调	21.51	8.01	23.22	8.38
认知障碍	22.62	8.04	23.24	7.93
总计	62.19	20.91	65.59	21.71

性别差异定会引起疲劳度的差异。从表中可以看出，女生的总体得分高于男生，说明女生的疲劳程度高于男生。众所周知，女生的心思细腻、做事较为执着、喜欢打破砂锅问到底、容易钻牛角尖、习惯积压心事、对往事难以释怀、心理敏感度较高、对压力的承受能力小，容易感到疲劳。而男生大大咧咧、生性豁达、比较洒脱、勇于挑战自我，心理承受能力强，能够协调自身情绪、缓解疲劳。迥异的性格是促成男女疲劳度不同的最为主要的因素。

3. 年级与疲劳的关系

为了考察初三、高三学生疲劳的特点，我们采用描述统计分析方法，将问卷数据录入 SPSS 软件，结果如表所示：

表 71　　　　　　　　　　　　　**多维疲劳的年级差异**

项目	初三		高三	
	M	SD	M	SD
综合性疲劳	12.27	3.68	11.64	3.51
体力疲劳	9.69	3.80	10.27	2.71
活动减少	10.35	3.20	11.23	3.52
动力下降	8.65	2.82	9.82	3.16
脑力疲劳	11.30	3.23	11.27	3.88

表 72　　　　　　　　　　　　　**学习疲劳的年级差异**

项目	初三		高三	
	M	SD	M	SD
躯体症状	19.08	7.27	18.40	7.91
情绪失调	23.84	7.64	20.76	8.65
认知障碍	23.46	7.30	22.81	8.72
总计	66.38	18.97	61.98	23.41

从表中可以看出，初三学生与高三学生在多维疲劳上没有明显差异，同为毕业生两者在身体疲惫上疲劳程度相当。而在表中，初三学生的学习疲劳度高于高三学生。这与初三学生的身体发展阶段有关。青少年期的心理发展还不健全、认知还不完善，在紧凑的考试节奏、高密度的作业量以及体育课、课余时间等休息时间被剥夺的情况下，初三学生躯体症状表现明显，他们更容易感到困倦、烦躁、虚弱，更容易感到疲劳，丧失斗志。

4. 城乡差异与疲劳的关系

为了考察初三、高三学生疲劳的特点，我们采用描述统计分析方法，将问卷数据录入 SPSS 软件，结果如表所示：

表73   城乡差异对疲劳的影响

项目	农村		城镇	
	M	SD	M	SD
躯体症状	18.67	7.23	18.60	7.82
情绪失调	21.67	7.60	22.78	8.34
认知障碍	22.00	8.23	23.45	7.59
总计	62.34	20.91	64.83	21.02

从表中可以看出，城镇学生与农村学生的各项因子基本上无差异，但总体上城镇学生的总分要高些，更容易疲劳。城镇家长对孩子学习的重视程度要高于农村家长，高要求带来城镇学生睡眠不足、食欲不振、厌学等常见问题。相比较而言，农村学生此类问题的发生率要低些。

5. 学习成绩与疲劳的关系

（1）成绩排名与多维疲劳的关系

为了考察初三、高三学生疲劳的特点，我们采用描述统计分析方法，将问卷数据录入 SPSS 软件，结果如下图所示：

从图中可以看出，综合性疲劳和脑力疲劳两个因子与成绩排名呈现倒 U 形关系，即随着学习成绩的升高，初三、高三学生的综合性疲劳度和脑力疲劳度逐步升高。当达到中等成绩附近达到了顶峰，随后会逐步下降。图像表明，中等学习水平附近的学生心理压力较大，需要教育者的密切关注。

为了考察初三、高三学生疲劳的特点，我们采用描述统计分析方法，将问卷数据录入 SPSS 软件，结果如下图所示：

从图中可以看出，成绩好的学生其活动量不是很多并且他们也容易感到疲劳。说明成绩好的学生认真努力学习，在学习上时间多。结合图中可以看出，成绩是激发学生学习的重要因素。成绩越好的学生学习动力越足，而中等水平的学生，受活动量、体力疲劳度的影响，学习动力最为低下。

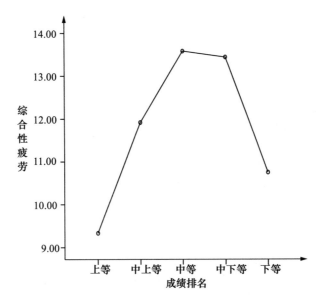

图 120 综合性疲劳与成绩排名的关系

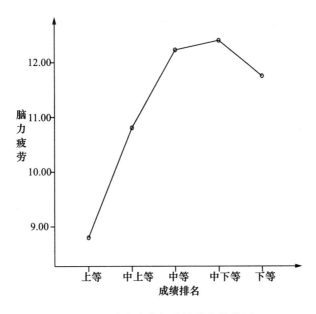

图 121 脑力疲劳与成绩排名的关系

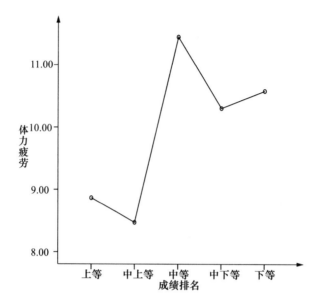

图 122 体力疲劳与成绩排名的关系

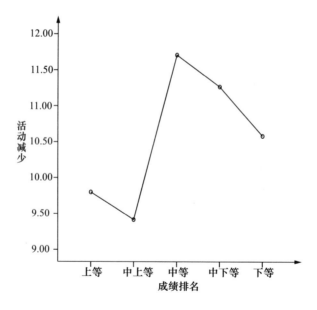

图 123 活动减少与成绩排名的关系

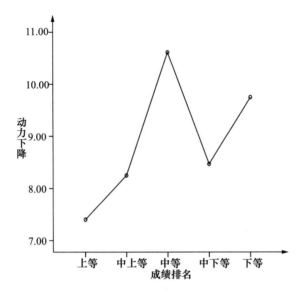

图 124　动力下降与成绩排名的关系

为了考察初三、高三学生疲劳的特点，我们采用描述统计分析方法，将问卷数据录入 SPSS 软件，结果如下图所示：

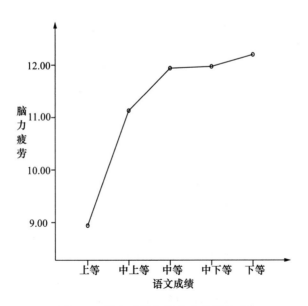

图 125　语文成绩与脑力疲劳的关系

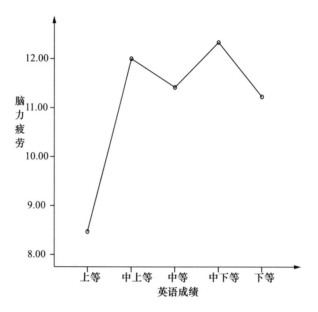

图 126　英语成绩与脑力疲劳的关系

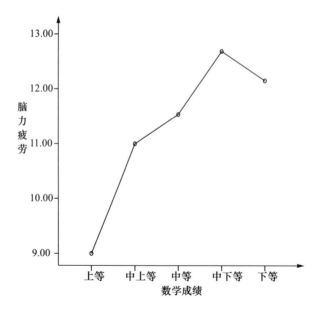

图 127　数学成绩与脑力疲劳的关系

从图中可以看出，随着语数外成绩排名的降低，学生的心理疲劳度越高。中等水平附近心理疲劳度最高，但在图124中，中等水平的学生出现降低的短暂趋势可能与数据失效有关。

（2）成绩排名与学习疲劳的关系

为了考察初三、高三学生疲劳的特点，我们采用描述统计分析方法，将问卷数据录入SPSS软件，结果如下图所示：

从图中可以看出，从上等成绩向中等成绩递减时，学生的学习疲劳、躯体症状、情绪失调三个因子波动平缓，症状表现不明显。但随着成绩排名的走低，学生躯体症状等因子急速上升，头晕、头部疼痛、腹胀、腰部疼痛、四肢沉重、头昏脑涨、颈肩酸痛、背部酸痛等身体上的不适，心烦意乱、冲动、躁动不安、焦虑等不良情绪反应尤为明显。

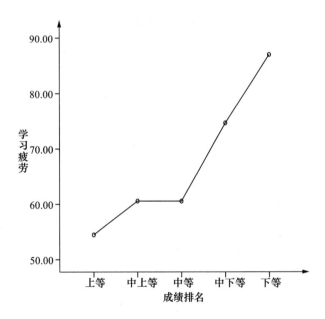

图128　学习疲劳与成绩排名的关系

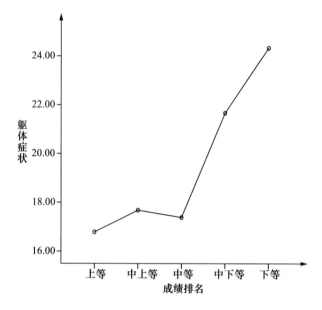

图 129　躯体症状与成绩排名的关系

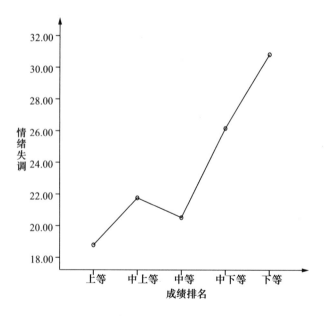

图 130　情绪失调与成绩排名的关系

（四）结论

根据数据研究得出，在众多可能的影响条件中，性别、年级、学习成绩对疲劳影响比较大，其他因素影响较小。第一，在躯体症状和情绪失调两个因素中：女生在疲劳度总分普遍高于男生，这可能与个体性格有关，女生心思细腻、善于观察、比男生更为敏感。同时，心理承受力不及男生。而大多数男生性格大大咧咧、生性豁达。所以在教育活动中我们应当注意男女性别差异，关注女生的心理排解、定期开展女生交流会或采用男女交流模式，以男生豁达的性格带动女生，使得她们放宽心情。第二，通过年级因素分析得到：初三学生的疲劳度总分比高三学生高。如我们所知，这受到初三学生身体发展阶段特点的影响，各种理念思想还不成熟、角色混乱。第三，学生的城乡差异对疲劳度影响较小，但我们在日常生活中也应当注意这些条件是否会发展为重要影响因素，城镇学生的认知困难比农村学生明显。第四，成绩排名是疲劳的侧面体现。大量数据表明，排名处于中等水平的学生的动力下降、活动减少、体力疲劳得分最高，中等水平的学生学习动力不足、注意力不集中、常常表现出疲惫的体征，他们对成绩好坏的感受比较直观。

首先，在学习教育中充分了解男女性别差异，采用合理的教育手段，缓解学生的疲劳压力，潜移默化地影响改变学生的身心状态。其次，要注重初三、高三学生的年级差异。严格遵循青少年身心发展的连续性与阶段性、不平衡性与差异性、定向性与顺序性的特点。关注不同年级、年龄阶段的生理特征，了解各年级的学业压力。再次，注重城乡差异。俗语说："社会就是个大染缸。"环境对学生发展的影响力是我们无法估量的，城镇与农村学生的生活环境存在明显差异，教学的硬件与软件条件也存在明显差异。不同学生学习基础不同，学习的接受能力也不同。面对繁重的学习压力，农村学生表现得更为脆弱。最后，注重成绩排名对疲劳的影响。处于不同排名水平的学生对学业的注重程度不同。一般而言，上等和下等学生的心理压力小；中等水平的学生心理压力大。在日常教学活动中，教育者不仅要关心中等水平学生的学习任务，还要关心他们的躯体症状及心理状态。时刻关注学生，及时对正确行为给予强化，促进学生的进步，并能做到处处尊重学生，处处以学生为本。

（五）建议

根据量表数据分析得出，体力疲劳、活动减少、动力下降、综合性疲劳是影响多维疲劳的重要组成要素。繁重的学习压力导致初三、高三学生睡眠不足、身体倦怠、活动量减少。如何合理地安排作息时间、保持睡眠质量，这些都是减缓初三、高三学生疲劳所需解决的问题。良好的生活习惯能够确保大脑神经活动兴奋和抑制的正常更迭，提高学习效率。为增强初三、高三学生的身体抵抗力，鼓励他们坚持锻炼、户外活动；而学校应该禁止占用课间十分钟和体育课、定期组织课外活动。正所谓身体是革命的本钱，好身体是学习好的前提。

学习动力不足的初三、高三学生缺乏学习兴趣。他们被动地、消极地接受学习活动，认为学习是乏味而枯燥的、是一种负担。错误的认知加重了他们的疲劳度[1]。在教学情景中，教育者在课堂中引入竞争机制，培养学生的危机意识，积极参与教学情境中，以此来激发初三、高三学生的学习兴趣和热情。同时当旧的教学方式受到厌倦时，教育者应该多利用多媒体等 21 世纪刚刚流行的教学手段，引导学生利用电脑完成学习任务，但在使用电脑时应先向学生普及电脑教学的利弊，建立正确的电脑使用观。再者，教学考评也是激励学生学习的重要手段。当某位学生在取得好成绩时，可激发他追求更好成绩的欲望。而当他成绩不好时，可激发他下次取得好成绩的动力。正确了解学生的成就感，引导学生主动学习、主动规划，逐步养成自我学习的习惯。

四 初三、高三学生睡眠质量研究

睡眠是一种保护性抑制，它能使中枢神经得到充分的休息并恢复到良好的状态。它与人的生理、心理都有着密切的联系，对人的身体

---

[1] 张志园：《中学生学习疲劳的量表编制与干预研究》，《山西师范大学学报》2013年第 6 期。

健康状况、生活质量和学习质量，以及工作效率等多方面都有影响[1]。不少中学生不得不自觉或不自觉地压缩着自己的睡眠时间，导致了一系列的睡眠问题的发生。

（一）研究工具

本次调查主要使用匹兹堡睡眠质量指数量表。匹兹堡睡眠质量指数（Pittsburgh Sleep Quality Index，PSQI）是美国匹兹堡大学 Buysse 博士等人于 1989 年编制的。该量表适用于睡眠障碍患者、精神障碍患者评价睡眠质量，同时也适用于一般人睡眠质量的评估。

PSQI 用于评定被试最近 1 个月的睡眠质量。由 19 个自评条目和 5 个他评条目构成，其中第 19 个自评条目和 5 个他评条目不参与记分，在此仅介绍参与记分的 18 个自评条目。18 个条目组成 7 个成分，每个成分按 0—3 等级记分，累积各成分得分为 PSQI 总分，总分范围为 0—21 分，得分越高，表示睡眠质量越差。

（二）信度检验

本研究首先进行信度分析，采用克伦巴赫（Cronbach）alpha 系数对量表的内部一致性进行信度检验。一般来说，问卷的信度系数在 0.900 以上，表示非常稳定；信度系数值低于 0.700 则表示量表不够稳定。经过统计分析得到 PSQI 的 Cronbach α 系数为：0.8519，7 个成分的 Cronbach α 系数为 0.8420，16 个条目的 Cronbach α 系数为 0.8547，基本上达到了稳定水平，表明 PSQI 量表具有较高的内部一致性，信度指标良好，可作为睡眠质量的测量工具。

（三）研究程序

本研究以团体为单位进行施测，采取纸笔施测的方式，在教室由任课教师和研究者协同指导学生完成问卷。问卷调查所获数据直接用 SPSS 11.5 for Windows 和 AMOS 4.0 专业软件包进行统计处理。本研究的统计方法主要采用的是：探索性因素分析、独立样本 t 检验、相关分析及验证性因素分析。

（四）结果分析

1. 性别差异

为了考察中学生睡眠质量的性别差异特点，进一步分析性别差异对中学生睡眠质量的影响，结果如表所示：

表74　　　　　　　　　　中学生睡眠质量的性别差异

性别	M	SD
男	7.64	1.99
女	8.06	1.92

从表中可以看出，男生睡眠质量的均分为7.64，小于女生的8.06，而标准差分别为1.99和1.92，相差不大，即男女生分数的离散程度差不多。因此，在初三、高三学生睡眠质量的性别差异上，女生的睡眠质量总体差于男生。这有可能是因为该年龄段的女生在生理和心理方面都比男生更加成熟，女生较男生更想取得好成绩，因而更愿意花时间学习。这一结果与夏薇等人的研究一致，但与张娟娟等人的研究结果相反。另外，刘灵等人研究中不同性别的睡眠质量不存在显著差异[①]。

2. 年级差异

为了考察中学生睡眠质量的年级差异特点，进一步分析年级差异对中学生睡眠质量的影响，结果如表所示：

表75　　　　　　　　　　中学生睡眠质量的年级差异

	初三		高三	
	M	SD	M	SD
睡眠质量	7.94	1.89	7.72	2.14

从表中可以看出，在初三、高三学生睡眠质量的年级差异上，初三学生和高三学生睡眠质量分数的平均值（M值）分别为7.94和

---

① 刘灵、严由伟等：《福州地区中学生生活满意度和睡眠质量的关系》，《中国学校卫生》2011年第9期，第1069—1071页。

7.72，标准差分别为 1.89 和 2.14。初三学生睡眠分数和高三学生相差不大，略大于高三学生睡眠质量均分，但高三学生分数的离散程度比初三学生大，因此从总体上而言，初三学生和高三学生的睡眠质量差异不大。在夏薇等人的研究中①，高中生的睡眠质量均低于初中生。本次研究中这两个年级之所以差异不大有可能是因为初三和高三面临着中考和高考的压力，其父母、老师的关注度以及自身的期望程度差不多，使得他们在睡眠质量上差异不大。而初一、初二的学生相对于高一、高二的学生学习压力较小，从而使得初中生总体的睡眠质量较高中生好。

3. 城乡差异

为了考察中学生睡眠质量的城乡差异，结果如表所示：

表 76　　　　　　　　　　中学生睡眠质量的城乡差异

	农村		城镇	
	M	*SD*	*M*	*SD*
睡眠质量	7.93	2.01	7.83	1.93

从表中可以看出，在中学生睡眠质量的城乡差异上，农村学生和城镇学生睡眠质量分数分别为 7.93 和 7.83，相差不大，农村学生睡眠质量分数略好于城镇学生，但差异不大。这与严虎的农村睡眠质量差于城镇的结果相近。

（五）结论

人口统计学因素分析时我们发现，性别差异中女生的睡眠质量较男生差，可能是因为青春期的女生生理、心理各方面与男生相比更加成熟，愿意花更多的时间来学习，而此时的男生则更倾向于体育锻炼、玩游戏等。年级差异中初三、高三学生的睡眠质量相差不大，可能是因为同样面临着升学压力，学习任务都比较繁重，学生都自觉或

① 夏薇、孙彩虹等：《黑龙江省中学生睡眠质量现状及相关因素分析》，《中国学校卫生》2009 年第 11 期，第 970—972 页。

不自觉的压缩自己的睡眠时间，从而使得这两个年级的差异不大。城乡差异中学生睡眠质量差异也不大，可能是因为此次调查的学校中农村学校较少，而城镇中学和重点中学里的农村学生由于幼儿园、小学时和城镇学生产生了较大的差距，因而也会压缩自己的睡眠时间来学习。

（六）建议

在预防和缓解初三、高三学生睡眠问题时，可以从缓解心理疲劳着手。首先，学校应保证学生充足的睡眠时间，最好的睡眠时间在 7 个小时到 7.5 个小时之间。其次，在性别、年级、城乡差异等方面，应注意男生和女生在生理和心理上的差异，采取合理的、适合的教育方式来解决身心问题。最后，在日常的教育和生活过程中，家长和老师不能仅仅关注学生的学习成绩，应该更多地关注学生的身体健康状况和心理健康状况。

五 初三、高三学生考试焦虑研究

考试焦虑是一种消极的情绪反应，主要是在考试中表现出紧张、忧虑和不安①。对于考试焦虑的定义，心理学家们各抒己见 。国外学者曼德勒认为考试焦虑是当人处在失助或者情绪混乱的情境中而产生的；沃尔普强调，考试焦虑具有习惯性，它是受一定条件的制约而表现出的不良情绪；萨拉森认为考试焦虑是注意和认知评价的相互作用使机体产生紧张的情绪反应。国内学者大多认为考试焦虑是个体对考试产生的一种特殊的心理反应，是在一定的应试情境刺激下，产生一种对成绩好差的担忧以及情绪紧张的心理状态，受个体本身的认知能力、人格倾向、个性特征、思维方式和其他身心因素所制约。

（一）研究工具

Sarason 考试焦虑量表是由美国华盛顿大学心理系的著名临床心

---

① 毕重增：《重庆市高中生考试焦虑的调查研究》，《西南师范大学学报》（自然科学版）2002 年第 4 期，第 596—599 页。

理学家 IrwinG. Sarason 教授于 1978 年编制完成[①]，此量表在各个国家具有广泛使用价值。该量表由 37 个题目组成，各个题目按照考试时间的前后顺序编制，包括考前、考中及考后的心态和紧张状况以及自己内心的感受，各个题目的得分为 0 或 1。被试根据自己的实际情况选择是或否。评分规则，答"是"得 1 分，答"否"则得 0 分，3、15、26、27、29、33 题为反向记分，即答"是"得 0 分，答"否"得 1 分。该量表是计总分的形式来评定焦虑水平的，12 分以下考试焦虑水平较低，12—20 分属于中等程度的考试焦虑；20 分以上属于考试焦虑较高水平。15 分以上说明了该被试的确感受到考试带来的一定程度的不适感。假如分数特别低，说明你对考试采取了过于不在乎的态度。经检验该量表信度为 0.60，内在一致性系数为 0.64。该量表信度低于 0.700，此量表不够稳定。

（二）研究程序

本次测验以团体为单位进行施测，采取纸笔施测的方式，在教室由任课教师和研究者协同指导学生完成问卷。问卷调查所获数据直接用 SPSS11.5 for Windows 和 AMOS 4.0 专业软件包进行统计处理。主要采用探索性因素分析、独立样本 t 检验、相关分析及验证性因素分析。

（三）结果分析

1. 中学毕业生考试焦虑的性别差异

表 77　　　　　　　　中学毕业生考试焦虑的性别差异

性别	平均数 M	标准差 SD
男	21.46	11.03
女	21.88	5.7

从表可以看出，中学毕业生考试焦虑水平基本处在中等焦虑水平，

[①] Sarason, I. G. the Test Anxiety Scale: concept and research. In C. D. Spielberger & I. G. Sarason (Ed.) Stress and Anxiety. Washington D. C.: Hemisphere Publishing Corp, 1978, No. 5. pp. 193–216.

其中在中学毕业生考试焦虑的性别差异上，男生和女生基本无差异，不会因为受性别的影响而出现较大的差异。但从标准差的数据中，男生考试焦虑个体差异大，而女生个体之间差异较小，波动起伏不大。

2. 中学毕业生考试焦虑的年级差异

表78　　　　　　　　　中学毕业生考试焦虑的年级差异

年级	平均数 M	标准差 SD
初三	22.93	9.42
高三	18.09	5.37

从表中可以看出，初三学生在考试焦虑方面明显高于高三学生，由此可以推断，初三学生正处于青春期发展的初始阶段，心智不成熟，心理承受能力比较差，自我调节能力欠缺，更容易产生焦虑情绪，而高三毕业生经过了几年的磨炼，也许是把考试当作家常便饭，当出现焦虑情绪，会适当地进行自我调节。

3. 中学毕业生考试焦虑的城乡差异

表79　　　　　　　　　中学毕业生考试焦虑的城乡差异

城乡	平均数 M	标准差 SD
农村	20.89	8.82
城镇	22.21	8.95

从表中可以看出，来自城镇和农村家庭的学生也表现出了差异，其中城镇中学生的考试焦虑要高于农村中学生，也许因为农村学生能吃苦，抗压能力比较强，并且农村学生学习动机强，学习兴趣浓厚，而城镇学生因为竞争压力大，容易产生焦虑情绪。

4. 中学毕业生考试焦虑与学习成绩的关系

从图中可以看出，成绩排名能够影响学生的焦虑水平，特别是成绩排在中等的学生，考试焦虑水平最高，他们的心理压力最大，可能

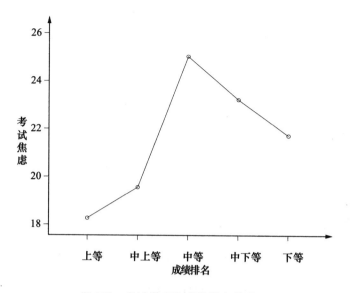

图 131　考试焦虑和成绩排名的关系

会伴随着失眠、焦虑不安、食欲不振等症状，这会影响他们的身心健康。排在上等的学生焦虑水平较低，因为他们成绩稳定，理论知识掌握牢固，并且对自己有信心。

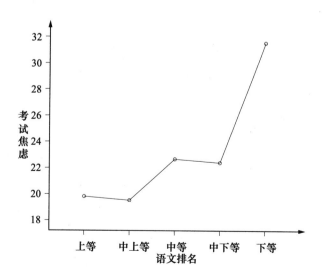

图 132　考试焦虑和语文排名的关系

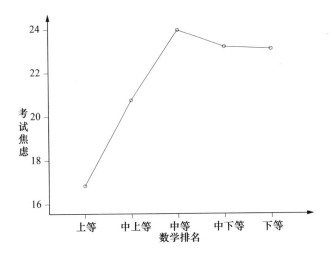

图133 考试焦虑和数学排名的关系

从图中看出，各科成绩排名也会影响学生的焦虑程度，其中语文排名上等学生焦虑水平最低，中上等学生焦虑水平略低于上等学生，中等和中下等学生焦虑水平都略高于上等学生和中上等学生，但下等学生焦虑水平最高，可能因为语文是一门感性的学科，记忆的部分较多，排名靠后的学生理解能力比较差，记忆力薄弱，因此容易焦虑。数学是一门逻辑思维较强的学科，上等学生脑袋聪明，思维活跃，因此考试焦虑水平低，然而排名在后的学生，在遇到难题时，想不到解题思路，更容易在考试时候焦急紧张。

（四）讨论

研究表明，首先，以性别、年级和城乡三个变量来对初三和高三学生进行调查，发现不管是初三和高三的学生，整体焦虑水平都处在一个中等状态，正因为处于中等焦虑水平，导致这些问题并没有很好地得到关注。在 Sarason 考试焦虑量表调查中发现：（1）男生和女生之间基本没有差异，但是从标准差来看男生内部个体之间焦虑水平差异很大，这也许是因为有的男生对学习考试抱着漠不关心的态度，使得个别测验分数很低。（2）在年级差异上，初三学生的焦虑水平明显高于高三学生，这可能是因为初三学生的心智还不成熟，心理承受能力低，遇到一些挫折失败的时候，情绪波动较大，这也跟他们正处于青春期发展阶段有关。（3）考试焦虑在城乡上的差异，城镇学生要高于农村学生，这可能是因为他们生活的环境不同，农村孩子为了学到更多的知识，考到名牌学校，学习动机强烈，学习兴趣浓厚，能够下功夫学习，抗压能力较强。但是在前人对农村留守儿童进行调查时，有些留守儿童学习动机弱，对学习考试采取了不重视的态度，他们可能考试焦虑水平也比较高。本研究未考虑农村留守儿童这一影响因素，此研究还有待进一步验证。（4）学生的成绩排名对考试焦虑也有一定的影响，不管名次高低，学生都有一定的心理压力，其中上等学生的考试焦虑水平普遍较低，成绩中等偏下的学生心理压力较高，其考试焦虑水平也高。其次，通过考试焦虑对疲劳的调查分析发现，考试焦虑与综合性疲劳、体力疲劳、心理疲劳和心理健康存在一定显著性关系，考试焦虑也是导致学生疲劳的主要因素，不管是在性别、年级和城乡还有成绩排名方面，我们都应该对每个学生进行关注，他们的身心健康正受到各类问题压力的侵害。初三和高三学生的面对来自家庭、学校以及社会的压力，他们的抗压能力毕竟是有限，当超出了这个限度，他们不能进行很好的心理调节，从而导致更严重的心理问题。

（五）建议

1. 关注学生人格特点

学校应根据学生的性别差异，应该采取合理的教育方式让学生正确认识考试，消除学生因考试带来的恐惧心理。男生性格大大咧咧，可能会对考试采取忽视的态度，老师这时候就应该耐心开导他，让他认识到考试的重要性，可以采取奖惩的方式，让学生对考试引起重视；女生本身就比较感性细腻，对于考试，女生一向都很重视，老师可以适当引导她们，让她们不要因为考试而紧张。

2. 试卷难度适中

处于初三的学生因为其身心发育还不成熟，学校应该适当减少他们的学习任务，并且考试的试卷难度要适中，试卷的难易程度与学生的自信心有较大的联系，试卷难度适中，学生在答卷的时候精神就会放松一些，答题的时候就会对自己的能力有信心并且体会到考试带来的乐趣，但是如果试卷过难，学生想不到解题思路，就会出现紧张焦虑情绪，进而引发对考试的厌倦恐惧。学校可以加强他们的心智教育，培养他们的自信感及责任感，让他们用一些理智的方式去解决考试焦虑，维护他们的身心健康。对于高三的学生，他们的身心发展已经较成熟，他们能够适当调节学习带来的压力，对于考试他们已经习以为常，可以在试卷上出一些具有挑战性的题目，开发他们的思维方式。

3. 增强意志力

关注城乡差异，学校应对城镇和农村的学生采取一视同仁的态度，城镇学生在考试焦虑方面高于农村学生，应该是城镇学生的意志力偏低，学校可以开设劳动课，鼓励城镇学生参加，让他们从劳动中增强自己的意志力。富裕的生活环境虽满足了他们的物质生活，但精神生活仍需自己的劳动获得。当自己的意志力提高了，面对各种考试压力，则会稳住阵脚，不会紧张不安。

4. 淡视成绩排名

成绩排名一向受学校和学生重视。老师可以针对那些排名较后的学生选择适当的教学方法，使他们的理解能力和接受知识的能力增强；老师也可以在课后对那些成绩较差的学生进行补习。学生也应该积极与任课老师进行交流，明白自己学科中薄弱的部分，采取正确的学习方法。当自己的学习能力提高了，在考试中就不会那么焦虑。学校可以采取不排名的方式来考查学生的学习能力，适当减少学生的课业压力。当学生没有过度的考试焦虑，没有繁重的学习压力，他们的生理和心理就不会感到疲劳，他们才能健康地成长，快乐地学习。

5. 通过增强生理机能，缓解生理和心理疲劳

考试焦虑是一把"双刃剑"，适度的考试焦虑能够提高学生的学习效率和考试水平，但是过度的考试焦虑则会让学生感受到学习带来的压力，导致自己身心疲惫。根据考试焦虑与体力疲劳和心理疲劳的关系研究，我们可以从以下几个方面着手降低学生的考试焦虑水平来

缓解学生的疲劳。

6. 加强体育锻炼

强健的身体是革命的本钱，适当的体育运动不仅能够增强体魄，还能够让学生在紧张的学习之余，增强学生的承受能力和意志力，有利于缓解心理疲劳。体育锻炼对于学生提高学习成绩，增强体质，缓解考试焦虑，使自己水平得到更好的发挥是非常有益的，它的作用不容忽视。学校可以一星期开设两节体育课，男生可以进行 1000 米长跑。女生可以进行 800 米长跑，这样可以锻炼他们的耐力，体育老师安排的运动课程应该注意节制，不可超负荷运动。在课余时间学校可以安排学生集体进行 15 分钟的慢跑，慢跑是有氧锻炼，这样可以增强中学生的肌肉和身体素质。学生本身在课余时间应该进行适当的运动，比如跳绳、踢毽子、打篮球等。家长们可以在周末的时候带自己的孩子去登山，登山可以让正处在紧张学习之中的学生心胸豁达，忘却繁重的压力。体育锻炼贵在坚持，这样不仅能提高身体素质，还能消除心中的疲劳。

六　初三、高三学生认知负荷研究

在现实生活中我们常常会遇到这样一种情况，当我们在高强度的压力下，我们会因精神的高度集中，在做事的过程中出现各种各样的失误，而不能将我们的真实水平发挥出来[①]。这样在长时间的超负荷工作下，再加上过重的心理负荷，使得他们在"作战"时出现效率下降的状况，这也正是他们不能很好地发挥出他们的真实水平的原因。试想如果我们能正确控制注意力的负荷，使自己一直保持最佳状态，那么我们的工作效率也会更好。在中国中学生课堂教学实践设为 45 分钟，而之前有研究表明这么长的时间内学生是不可能注意到老师讲的每个教学步骤，注意力超负荷由之而来的便会产生疲劳，包括心理疲劳。有了这种现象，势必会影响学生学习效率。

---

① 安蓉、阴国恩：《任务明确性与负荷对警戒作业影响的年龄差异》，《心理科学》2003 年第 4 期，第 764—765 页。

（一）研究工具

注意力自测量表是张志园所设计的，它的记分规则是第1、7、13、28、30题答"是"记1分，答"否"记0分，其余各题答"是"记0分，答"否"记1分，然后统计分数。总分0—9分，注意力不好，不集中；总分10—20分，注意力一般；总分21—30分，注意力状况良好。

本研究随机抽取了苏北几个中学进行了调查，结合学生性别、身体状况、学习成绩等条件进行分析。后期数据采用了SPSS等软件进行了处理。

（二）程序和方法

本研究以团体为单位进行施测，采取纸笔施测的方式，在教室由任课教师和研究者协同指导学生完成问卷。问卷调查所获数据直接用SPSS 11.5 for Windows和AMOS 4.0专业软件包进行统计处理。并主要采用探索性因素分析、独立样本t检验、相关分析及验证性因素分析。

（三）研究结果

1. 中学生注意力的年级特点

为了考察初三、高三学生注意力的特点，采用描述统计分析，统计结果如表所示：

表80 **中学生注意力的年级差异特点**

年级	M	SD
初三	15.51	5.29
高三	15.67	5.55

从表中可以看出，初三和高三学生注意力的平均值和标准差都相差不大，说明注意力与年级的高低并没有多大的关系，也就是说年级的高低并不是影响中学生的注意力负荷。

2. 中学生注意力的性别差异

为了考察中学生初三、高三注意力的性别差异特点，采用描述统计分析，统计结果如表所示：

表 81 　　　　　　　　　**中学生注意力性别差异的特点**

性别	M	SD
男	15.50	5.98
女	15.47	4.72

从表中可以看出，初三和高三学生注意力在性别上是没有多大的差异的，这也说明性别对学生的注意力负荷是没有多大影响的。

3. 中学生注意力与身体健康

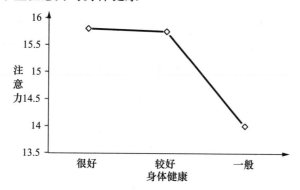

图 134　中学生注意力与身体健康

从图可以看出，注意力与身体健康程度有很大的关系，只有拥有健康身体，学生注意力持续的时间才会更长，学习的效果也会更好，而身体较差的学生，他们的持续注意一件事的时间明显减少，说明体质较差的学生，他们更容易疲劳。由此可以证明身体健康程度对注意力负荷有着显著影响。

4. 中学生注意力与成绩排名

从图可以看出注意力与学生的成绩排名呈反比，成绩越好的学

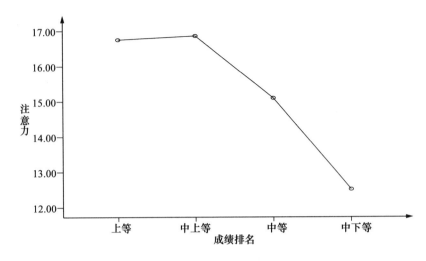

图135　中学生注意力与成绩排名

生，他们持续注意一件事的时间越长，相反，成绩越差的学生，他们很难集中注意力。这说明成绩好的学生，他们的精力更加旺盛，他们知道如何分配时间而使自己不易疲劳，而成绩差的学生，他们只知道"死学习"，学习方法不当，导致他们虽然花了同样的时间，但所达到的效果却是天差地别，并且，他们的状态相较于成绩好的学生也明显不同，他们表现为更易疲劳。由此可以证明学习成绩情况对注意力负荷也有着显著影响。

5. 心理疲劳对注意力的影响分析

下表为注意力与心理疲劳的关系，通过心理疲劳对注意力的回归统计，结果如表所示：

表82　　　　　　　　　　　　心理疲劳对注意力的影响分析

预测变量	R	R^2	F
心理疲劳	.51	.26	37.16**

　　*：$P < 0.05$；**：$P < 0.01$

多元回归显示，心理疲劳和注意力的相关系数 R 为0.510，决定

系数 R^2 为 0.26，可以解释 26.0% 的变异。对回归方程进行了显著性检验，发现 $F = 37.16$，$P < 0.01$，说明回归方程是显著的，说明心理疲劳和注意力存在显著相关。

表 83　　　　　　　　心理疲劳对注意力的回归分析

预测变量	标准回归估计值	显著性
心理疲劳	$-.13$	$.00^{**}$

* : $P < 0.05$；** : $P < 0.01$

上表是对心理疲劳与注意力的回归系数进行 t 检验的结果，我们可以发现心理疲劳对注意力的影响呈极其显著性水平，标准回归估计值为 -0.13，在某种程度上有一定的预测作用。可以得到相应的回归方程：注意力 $= -0.13 \times$ 心理疲劳 $+ 23.78$。

综上所述，心理疲劳与注意力有显著相关，所以在一定程度上可以用注意力水平来预测学生的心理疲劳程度。

6. 躯体疲劳对注意力的影响分析

下表为躯体疲劳与注意力的关系，通过对数据进行回归统计，结果如表所示：

表 84　　　　　　　　躯体疲劳对注意力的影响分析

预测变量	R	R^2	F
躯体疲劳	0.43	$.18$	24.17^{**}

* : $P < 0.05$；** : $P < 0.01$

多元回归显示，躯体疲劳和注意力的相关系数 R 为 0.43，决定系数 R^2 为 0.18，可以解释 18% 的变异。对回归方程进行了显著性检验，发现 $F = 24.17$，$P < 0.01$，说明回归方程是显著的，说明躯体疲劳和注意力存在显著相关。

表85 躯体疲劳对注意力的回归分析

预测变量	标准回归估计值	显著性
躯体疲劳	− .31	.00 **

* : $P < 0.05$; ** : $P < 0.01$

对躯体疲劳与注意力的回归系数进行 t 检验，结果如表所示，我们发现躯体疲劳对注意力的影响呈极其显著性水平，标准回归估计值为 − .31，在某种程度上有一定的预测作用。可以得到相应的回归方程：注意力 = − .31 × 躯体疲劳 + 21.18。

（四）讨论

首先，我们都知道身体是革命的本钱，只有拥有良好的体魄，我们才会有更多的精力去工作、学习。所以，如果想拥有好的学习效果，我们首先做的就是保护好自己，不让自己受到伤害。

学习成绩排名的高低决定自己对自己的态度，正如上面所分析的，名次好的学生传递给自己的是正能量，一种积极的能量，他们将学习当作一种兴趣，一种游戏，他们认为学习是为了展现自己，将自己的潜能更好地发挥出来，是为了实现自己的目标的一种途径；而名次靠后的学生，他们所传递给自己的则是一种负能量，一种消极的能量，他们认为学习是一种任务，是为了老师、父母学习的，如果成绩不好，将会受到惩罚，而正是这种心理，使他们除了将精力放在学习上，还有大部分放在如何逃避惩罚上，这也是，他们更容易疲劳的原因。

通过对注意力与疲劳的回归分析，我们发现注意力与疲劳呈显著负相关，无论是心理疲劳还是生理疲劳，即在某种程度上疲劳与注意力之间有一定的预测作用。那么为了降低学生的疲劳感，提高学生的注意力水平，我们应该着重从取消学生的学习成绩排名和身体健康两方面来改善学生的状态。

（五）建议

从上面的研究，我们可以很明显地看出，学习成绩的排名和身体健康是影响初三、高三学生注意力负荷的重要因素，也就是影响疲劳的重要因素。

1. 注重身体健康

从上面的研究结果我们就可以看出身体的健康是影响注意力的一个重要因素，作为一个初三或高三的学生，在平时我们就应该加强体育锻炼，使自己拥有良好的体魄。正因为处于初三和高三升学的压力比平时大得多，会导致替他们忽视平时的体育锻炼，而在学习的过程中出现种种疾病，这时就需要学校发挥其强制性作用，强制性地让孩子们去休息、去锻炼，老师也要做好督促工作，一切以孩子们的健康为前提。

2. 提高自我调节能力

学习成绩排名的高低在很大程度上影响着周围人们对我们的态度，这时，就需要我们提高自身的调节能力，不为周围所动，坚持自我，朝着自己的目标不断奋进。当我们陷于种种压力中时，如果没有好的方法来自我调节，我们可以尝试着花个10分钟到操场跑一圈，或者找一个知心的人倾诉一下，将这种不愉快的情绪从身上驱走。

3. 父母用平常心对待孩子

家是温馨的港湾，而父母应该在孩子们最需要慰藉的时候，给予最温暖的抚慰。所以父母对孩子的心态很重要，父母的情绪也在无形中对孩子形成很大的影响，那么，作为一个父亲或者母亲，我们所能做的就是保持平常的心态，不因孩子们的成绩有过多的大喜大悲，因为只有父母的情绪稳定，这样才有可能通过感染、暗示使孩子们情绪稳定。

第四章　调查结论与对策建议

第一节　调查结论

一　社会人口学状况

（一）中小学生的父母之间感情大多较好，感情差或者破裂的占极少数；超过一半的学生会对父母的行为有一些失望；主要睡眠时间集中在 20—23 点这个时间段，每天睡觉时长多为 6—9 个小时；学生上网的时间主要用于查资料、看电影听音乐、QQ 或 MSN 以及玩游戏；最爱好的体育项目依次为羽毛球、跑步和游泳。缓解学习压力的方式选择最多的依次为听音乐、找人聊天以及打游戏。有近 1/3 的学生有过失眠，多数没有过自杀意念。大部分学生基本都在家中获得网络资源，一半左右的学生只在周末上网。

（二）相较于苏北地区学生，苏南地区的学生与同学的关系更好，业余生活爱好更丰富，但同时也更容易想到自杀。他们平时上网的时间、接触网络游戏的机会均比苏北地区多。

（三）小城镇的学生又比农村的学生同学关系好，业余生活爱好丰富。城市的学生比小城镇的学生同学关系更好，业余生活爱好更丰富。城市的学生对自己的身材长相满意度更高；农村的学生比城市和小城镇的学生在家上网的少，更倾向于午睡。

（四）男生与异性同学的交往愿望比女生强烈；在异性交往中男生相比女生更容易感到紧张。与此同时，男生在获取性知识行为上表现得更为积极主动，性幻想更普遍。相较于男生，女生对自己身体长相的满意度低；更容易失眠、有考试焦虑和自杀意念。女生比男生更容易感觉到被家长理解，但知觉到的父母之间的感情并没有男生好。男生的业余生活和爱好比女生丰富，吸烟喝酒比女生多；男生平时上网的时间、去网吧上网的情况比女生多；玩网络游戏普遍性和时间都多于女生。

（五）学生年级越高同学关系越一般；对自己的身体长相满意度越低；与异性同学交往的意愿越强，性幻想更普遍，获取性知识途径会经历父母渠道－教师渠道－网络渠道的变化。随着年级升高，学生知觉到的父母之间的感情越来越一般，越容易对父母的行为感到失望。年级越高的学生越容易有自杀意念。年级越高的学生睡觉的时间越迟，睡得越少，越容易失眠和倾向于午睡；相较于小学生，中学生普遍存在考试焦虑，但高水平的焦虑较少。

（六）年级越高，学生的业余生活和爱好就越匮乏，网络游戏就越普及，玩的频率也越高；缓解学习压力的方式选择运动和聊天的人数减少，选择游戏和听音乐的人数增多。高中生较小学、初中生而言，平时上网时长更多，更倾向于去网吧上网，吸烟喝酒的比例更多。

二　小学生心理健康小结

（一）小学生在孤独倾向方面存在地区、性别、城乡差异；学习焦虑存在性别、城乡差异；留守与非留守小学生、离异与非离异家庭小学生在孤独倾向和学习焦虑因子上差异显著；跟随父母外出打工与不跟随的小学生在孤独倾向上差异显著。

（二）小学生在人际关系、受处罚和健康适应因子上存在性别差异；小学生在人际关系、学习压力以及健康适应因子上存在城乡差异；留守儿童比非留守儿童更容易被学习压力、受处罚、丧失和健康适应影响；离异家庭的小学生比非离异家庭更容易受人际关系、学习压力、受处罚和健康适应的影响；跟随父母外出打工的小学生比不跟随的更容易被学习压力所影响。

（三）小学生在神经质维度上存在地区差异；小学生在神经质、外倾性和精神质维度上均无性别差异和城乡差异；留守儿童与非留守儿童、离异家庭与非离异家庭、跟随与不跟随父母外出打工的小学生人格状况无显著性差异。

三 中学生心理健康小结

（一）中学生的人际、焦虑、恐怖、躯体化这四个维度的得分都偏高，这说明中学生的人际关系敏感，容易在人际交往中体验到不自在，容易焦虑，同时伴有不同程度的躯体不适症状。中学生在精神病性症状因子得分低，情况较好。

（二）苏中地区的中学生比苏南苏北的心理健康状况差；留守与非留守中学生躯体化情况差异显著；跟随父母外出打工与不跟随的中学生在强迫、敌对维度上差异显著；中学生心理健康状况无性别、城乡以及父母是否离异的差异。

（三）苏中地区的中学生比苏南苏北的更容易有学习焦虑并倾向于孤独；中学生在学习焦虑上存在性别差异，女生更焦虑；孤独倾向上有城乡差异，农村学生更倾向孤独。

（四）中学生在人际关系、丧失、受处罚和健康适应因子上没有性别以及城乡差异；学习压力存在性别差异，无城乡差异；是否是留守儿童、是否离异家庭、是否跟随父母外出打工的中学生的生活事件影响没有差异。

（五）中学生的人格以及应对方式不受性别、城乡、是否留守、是否离异家庭、是否跟随父母外出打工影响。

四 主要结论

（一）家庭环境与教养方式对子女心理健康影响成为首因，离异家庭、留守家庭、流动家庭的子女心理健康状况令人担忧，父母简单粗暴的教育方法严重刺伤孩子稚嫩的心灵。

（二）从调查结果来看，轻度阳性心理症状检出率为60.8%，中度阳性以上检出率为8.4%。中学生的人际、焦虑、恐怖、躯体化这四个维度的得分都偏高，这说明中学生的人际关系敏感，容易在人际交往中体验到不自在，容易焦虑，同时伴有不同程度的躯体不适症状。

（三）青少年性意识趋向开放，性道德相对弱化。城市青春期提前，约在 10 岁。城郊接合带学生接吻普遍，老师不敢制止。

（四）社会对学生价值导向失衡，特别是媒体责任大，很多学生不知道榜样人物，只知道明星，青少年人生观问题不容乐观。

（五）青少年手机依赖、网络成瘾较为严重，失控家庭的孩子会出现网瘾，手机占用时间太多，生活脱离现实，"你要不让我上网，我的人生就没有意义"，亲子矛盾冲突经常由于手机成瘾引发，电子产品急需社会正确引导。

（六）青少年身体素质差，身体素质亟待加强。

（七）缺少心理科普，许多家庭普遍不接受孩子有心理问题，社会对心理问题存在偏见。

（八）中学生关注点只在学习，两耳不闻窗外事，信息闭塞，许多学生不知道屠呦呦是谁，不关心国家时事。

（九）非重点农村中学的学生学习没有目标，理想缺乏，动机不足。农村留守学生生活单调，天天用看电视打发时间。

第二节　对策建议

一　建立学校心理健康网络体系

（一）建立三级干预系统

大中小学校是开展未成年人心理健康教育的主阵地。在学校心理危机干预中，如果班主任懂一些心理辅导方法，就不会出现大问题了。构建起以市、县、乡三级心理辅导机构为基础，同时经常接受培训。可以抽调优秀心理老师到农村学校调查研究和上心理健康教育课，同时鼓励农村学校与城市学校"结对子"。学校中可以开展阳光班级和阳光校园评比。

（二）发挥心理援助中心的作用

在南京有"陶老师"工作站，它的正式名称是"南京市中小学生心理援助中心"，工作起始于 1992 年，迄今已有 24 年，工作站目前共有 150 名专职、兼职工作者。它是一个立体化心理卫生、保健维护系统，其工作架构由"陶老师"热线、"陶老师"心理咨询中心、"陶老师"心理辅导流动服务站和"陶老师"信箱四个基本工作单元，24 年来，共接咨询电话 87108 人次。

（三）重视心理活动课，开展校本课程

目前许多地方还没有把心理教育课列入教学计划。有的心理健康教育活动流于形式，甚至学校没有专职老师，我们心理学系的学生分配很少到教育中，因为学校不接收心理学系的师范生，呼吁教育局配备学校专职心理健康老师，并适当要求拥有二级和三级心理咨询师资质。大中小学可以开发德育校本课程、心理健康校本教育课程，出版《未成年人心理维护手册》《心理健康》丛书、《心理教育》杂志。

可以以学校为主阵地，定期开展"心理活动观摩课""心理情景剧"活动、"心理活动沙龙""心理拓展训练"。

二 搭建家庭心理网络

中国人过去有教育多子女的经验，没有教育独生子女的经验。在联合国教科文的一份报告里，有这样一个结论，未成年人很多问题责任来自家庭：诸如冷漠、暴力。青少年的心理问题成因是有规律的，遵循着一个模式：溺爱——自私——任性——脾气大——挫折——心理疾病。很多家庭的结构是 6 个大人护着一个孩子。久而久之，孩子就会以自我为中心。现在失教的家庭、失和的家庭太多，我们还要提倡以优良传统教育为本，要知道，仁义礼智信是中华民族文化的优良传统。

应该多组织像爸妈在线的活动，我们现在专家性的普及讲座太少，我参加过淮安市委宣传部的讲师团活动，可以多组织一些这样的宣讲活动。

三 利用社区网络，成立心理健康志愿服务体系

参加志愿服务，感染体验教育效果好。要引领更多的专业人士投身到这项工作中来，形成全社会共同参与未成年人心理健康工作的良

好态势。

可以通过招募志愿者的形式，这些志愿者可以是国家劳动部二级、三级心理咨询员，有心理学背景的本科或硕士研究生，高校或医院临床心理工作者。

在社区中可以开展心理健康公教服务，如车站传媒、公交传媒、户外广告、DVD 音像制品、网络视频上传、心理健康手册等。

四　其他建议对策

（一）成立心理危机干预热线

中国每年有大约 25 万人死于自杀，即每 10 万中国人每年有 22 人轻生，估计还有不少于 200 万人自杀未遂。可以利用本地的心理咨询师资源，成立未成年人心理健康咨询热线，叫 "525 热线"。通过政府批准，每个市把每年 5 月 25 日定为 "全市中小学生心理健康日"。

（二）提升媒介素养

胡锦涛同志强调要积极创造未成年人健康成长的良好社会环境。在国外，《格林童话》影响了一代又一代的青少年。开展了形式多样、有声有色的宣传报道，有利于加强和改进未成年人思想道德建设工作，形成了正面宣传的舆论强势。媒体要报道以富有时代气息的正面典型人物引导青少年，以创新组织形式的主题教育工程发动青少年，以凸显时代特点的系列品牌活动吸引青少年，以具有警示作用的热点社会事件感染青少年，以丰富及时互动的新闻信息产品服务青少年的做法和经验。目前媒体有好的栏目，如幸福魔方、家春秋、心理访谈等。淮安人应该有自己的栏目。

（三）开发节日资源

美国加州的议会以孔子的诞辰日作为加州的教师节，联合国定的世界十大思想家，头一个就是孔子。我们国家有各种节日活动，教师节是 9 月 10 日。3 月 5 日是学雷锋日，建议改成志愿者行动节日。2 月 14 日是西方的情人节，我们应该有自己的情侣节，建议把 7 月 7 日改成情侣节。西方也有母亲节，我们可以把孟子母亲的生日设为母亲节。

（四）建议各市心理学会成立中小学心理健康教育专业委员会

目前在省心理学会中，已经有大学心理健康和医学心理学专业委员，建议各市心理学会成立中小学心理健康教育专业委员会。

致谢学校：
扬州梅苑双语民办初中学校
扬州邗江中等专业学校
扬州瓜洲中学高中部
扬州市实验学校初中部
扬州市邗江区实验小学
南京江宁高等职业学校
南京市景明家园小学
南京市爱达花园小学
南京市中华中学
南京市孝陵卫中学
南京市百家湖中学
南京东山外国语学校
南京市江宁天景山小学
南京市江宁上元小学
南京市东山小学
南京市江宁区龙都中心小学
南京市琅小明发分校
南京市二十九中天润城分校
南京市浦口实验小学
南京市一中明发分校
南京市浦口三中
南京市江浦高级中学文昌校区
淮安市淮海路小学
淮安市淮阴中学
淮安市清江中学

淮安市淮阴区西宋集小学

淮安市经济技术开发区广州路小学

淮安市淮安区范集中学

淮安市淮安区钦工中学

淮安市淮阴区韩圩中学

常州市新北区春江小学

常州市旅游商贸学校

常州市刘国钧高职学校

常州市卫生高职学校

常州市第五中学

常州市北郊高中

常州市新桥高中

常州市正衡中学

常州市新北区实验初中

常州市新北区薛家中学

常州市新北区三井小学

常州实验小学

苏州市国际外语学校

苏州市建设交通高职校

苏州市旅游与财经高等职业技术学校

苏州市第三中学

苏州市西交利物浦大学附属学校

苏州市第一中学

苏州市立达中学

苏州市高等职业技术学校

苏州市沧浪实验小学

苏州市十二中

苏州市工业园区星港学校

苏州市第四中学

附　　录

调查问卷

亲爱的朋友，你好：

我们提出了一些问题，很想知道你的想法，你心里是怎么想的，就请在对应的选项上打"√"，请不要遗漏。不用填写自己的姓名，你的回答仅供我们研究参考使用，并将严格保密，请放心作答。衷心感谢你的合作！

附录1　个人信息

1. 学校：

2. 性别：男（　　）　　女（　　）

3. 年级：小学四年级（　　）　　小学五年级（　　）
小学六年级（　　）　初一（　　）　初二（　　）　初三（　　）
高一（　　）　高二（　　）　高三（　　）

4. 身高：　　　厘米

5. 体重：　　　公斤

6. 户籍：农村（　　）　　小城镇（　　）　　城市（　　）

7. 家庭经济状况（与当地生活水平比较）：好（　　）　　中（　　）
差（　　）

8. 你的健康状况：好（　　）　　一般（　　）　　差（　　）

9. 你在班内的成绩排名：上等（　　）　　中上等（　　）
中等（　　）　中下等（　　）　下等（　　）

10. 你的父亲或母亲是否外出打工？　是（　）　否（　）

11. 你目前兄弟姐妹几人？＿＿＿ 人

12. 你目前和谁住在一起？＿＿＿＿＿＿＿＿＿

13. 你目前居住在＿＿＿＿＿＿ 省＿＿＿＿＿＿ 市＿＿＿＿＿ 县（区）。

14. 父母是否离婚？　是（　）　否（　）

15. 你是否跟随父亲或母亲在外打工？　是（　）　否（　）

16. 父亲职业：①工人 ②农民③知识分子④干部⑤无业 ⑥其他（写出具体工作）：

17. 母亲职业：①工人 ②农民③知识分子④干部⑤无业⑥其他（写出具体工作）：

18. 父亲文化：①文盲②小学③初中④高中（中专）⑤大学（大专、大学以上）⑥不清楚

19. 母亲文化：①文盲②小学③初中④高中（中专）⑤大学（大专、大学以上）⑥不清楚

附录 2　相关健康行为信息

1. 你觉得与同学关系是：①好　②一般　③差

2. 你是否有想与异性同学交往的愿望：①强烈　②一般　③无

3. 你对自己的身体长相是否满意？①很满意　②一般　③说不清楚　④不满意

4. 因不被家长理解而烦恼：①经常　⑦偶尔　③从无

5. 你最想得到谁的帮助（可多选）：①老师　②家长　③同学④异性朋友　⑤心理医生

6. 你父母之间的感情：①好　②一般　③差　④破裂

7. 你是否有时候对父母的行为感到很失望？①很多时候　②有一些　③不会

8. 你的业余生活和爱好：①丰富　②一般　③很少　④无

9. 当重要考试来临，你是否特别恐惧？①很担心　②有点害怕

③很少　④不会担心

10. 你是否有时候会失眠？有（　）　没有（　）

11. 你缓解学习压力的方法是：①找人聊天　②听音乐　③看电影　④运动　⑤吃东西　⑥打游戏　⑦没有方法

12. 你是否想到过自杀？①经常想到　②偶尔想起　③从来没有

13. 每到一个新地方，你都能适应新环境，很好地与人交往。①很难适应　②说不清楚　③容易适应

14. 你是否经常感到很孤独？　①经常　②偶尔　③从来没有

15. 你玩过网络游戏吗？　①经常　②偶尔　③从来没有

16. 通常上网地点：①家里　②网吧　③基本不上网

17. 你上网的时间主要用在（可多选）：①查资料　②看新闻③查看邮件　④QQ 或 MSN 等　⑤玩游戏　⑥看电影听音乐　⑦网上购物

18. 你每天上网的时间是：①2 小时以上　②1 小时左右　③周六周日上网　④几乎不上

19. 你所了解的男女恋爱关系，它的主要来源是（可多选）：①教师　②父母　③同伴 ④网络 ⑤书刊 ⑥光盘影碟　⑦其他

20. 当与异性小朋友交往时，你的感觉是：①异常兴奋　②有点紧张　③不好意思　④没有感觉

21. 你常和异性小朋友交往吗？有（　）　没有（　）

22. 你最爱好的体育运动项目是（可多选）：①跑步　②篮球③足球　④乒乓球　⑤游泳　⑥羽毛球　⑦排球　⑧其他

23. 你每周运动大约有____次，每次大约____小时。

24. 你吸烟吗？　①经常　②偶尔　③从不

25. 你喝酒吗？　①经常　②偶尔　③从不

26. 你晚上通常几点睡觉：①20：00 以前　②20：00—21：00③21：00—22：00　④22：00—23：00　⑤23：00—24：00⑥24：00 以后

27. 每天睡几个小时：①6 个小时以下　②6—7 个小时　③7—8个小时　④8—9 个小时　⑤9—10 个小时　⑥10 个小时以上

28. 你通常睡午觉吗？　①睡　②不睡

29. 你目前最大的烦恼是：

30. 你最崇拜的偶像是谁：

附录3　青少年自陈量表样例

SCL_ 90 心理健康诊断

根据最近一星期的实际感觉，在每个数字上面打"√"。程度等级："没有"选0，"很轻"选1，"中等"选2，"偏重"选3，"严重"选4。

1. 头痛。　　　　　　　　　　　　　　　0 - 1 - 2 - 3 - 4

2. 感到身体的某一部分软弱无力。　　　　0 - 1 - 2 - 3 - 4

3. 头脑中有不必要的想法或字句盘旋。　　0 - 1 - 2 - 3 - 4

4. 经常反复洗手、点数目。　　　　　　　0 - 1 - 2 - 3 - 4

5. 当别人看着你或谈论你时感到不自在。　0 - 1 - 2 - 3 - 4

6. 感到人们对你不友好，不喜欢你。　　　0 - 1 - 2 - 3 - 4

7. 感到自己活着没有什么价值。　　　　　0 - 1 - 2 - 3 - 4

8. 对什么都不感兴趣。　　　　　　　　　0 - 1 - 2 - 3 - 4

9. 无缘无故地突然感到害怕。　　　　　　0 - 1 - 2 - 3 - 4

10. 做事容易紧张。　　　　　　　　　　0 - 1 - 2 - 3 - 4

11. 经常与人吵架。　　　　　　　　　　0 - 1 - 2 - 3 - 4

12. 有想摔东西或大叫的冲动。　　　　　0 - 1 - 2 - 3 - 4

13. 害怕空旷的场所或街道。　　　　　　0 - 1 - 2 - 3 - 4

14. 在商店或电影院等人多的地方感到不自在。

　　　　　　　　　　　　　　　　　　0 - 1 - 2 - 3 - 4

15. 感到有人在监视你、谈论你。　　　　0 - 1 - 2 - 3 - 4

16. 有一些奇怪的和别人没有的想法或念头。　0 - 1 - 2 - 3 - 4

17. 感到自己的脑子有毛病。　　　　　　0 - 1 - 2 - 3 - 4

18. 感到自己的身体有严重问题。　　　　0 - 1 - 2 - 3 - 4

学生心理健康诊断（MHT)

下面的问题如果选"是"则打"√"，如果选"不是"则打"×"。

1. 你夜里睡觉时，是否总是想着明天的功课。（　）

2. 老师向全班提问时，你是否会觉得是在提问自己而感到不安。（　）

3. 你是否一听说"要考试"心里就紧张。（　）

4. 你考试成绩不好时，心里是否总是感到不安。（　）

5. 你学习成绩不好时，是否总是提心吊胆。（　）

6. 当你考试，想不起来原先掌握的知识时，是否会感到焦急。（　）

7. 你考试后，在没有知道成绩之前，是否总是放心不下。（　）

8. 你是否一遇到考试，就担心会考坏。（　）

9. 你是否希望考试能顺利通过。（　）

10. 你在没有完成任务之前，是否总担心完不成任务。（　）

11. 你面对大家朗读课文时，是否感到怕读错。（　）

12. 你是否认为学校里得到的学习成绩总是不大可靠。（　）

13. 你是否认为你比别人更担心学习。（　）

14. 你是否做过考试考坏了的梦。（　）

15. 你是否做过学习成绩不好时，受到爸爸妈妈或老师训斥的梦。（　）

16. 同学们在笑时，你是否也不大会笑。（　）

17. 你是否觉得到同学家里去玩不如在自己家里玩。（　）

18. 你和大家在一起时，是否也觉得自己是孤单的一个。（　）

19. 你是否觉得和同学一起玩，不如自己一个人玩。（　）

20. 同学们在交谈时，你是否不想加入。（　）

21. 你和大家在一起时，是否觉得自己是多余的人。（　）

22. 你是否讨厌参加运动会和文艺演出会。（　）

23. 你的朋友是否很少。（　）

24. 你是否不喜欢同别人谈话。（　　）

25. 在人多的地方，你是否觉得很怕。（　　）

学生生活事件量表

过去 12 个月内，你和你的家庭是否发生过下列事件？如果事件发生过，并根据事件给你造成的苦恼程度在相对方格内打上"√"。如果事件未发生，仅在事件未发生栏内打个"√"就可以了。

生活事件名称	未发生	发生过，对你影响的程度				
		没有	轻度	中度	重度	极重
1. 被人误会或错怪						
2. 受人歧视冷遇						
3. 考试失败或不理想						
4. 与同学或好友发生纠纷						
5. 生活习惯（饮食、休息等）明显变化						
6. 不喜欢上学						
7. 恋爱不顺利或失恋						
8. 长期远离家人不能团聚						
9. 学习负担重						
10. 与老师关系紧张						
11. 本人患急重病						
12. 亲友患急重病						
13. 亲友死亡						
14. 被盗或丢失东西						
15. 当众丢面子						
16. 家庭经济困难						
17. 家庭内部有矛盾						
18. 预期的评选（如"三好学生"）落空						
19. 受批评或处分						
20. 转学或休学						
21. 被罚款						
22. 升学压力						

续表

生活事件名称	未发生	发生过，对你影响的程度				
		没有	轻度	中度	重度	极重
23. 与人打架						
24. 遭父母打骂						
25. 家庭给你施加学习压力						
26. 意外惊吓、事故						
27. 如有其他事件请说明						

应对方式量表

下面问题请根据自己的实际情况作"是"或"否"的回答。

1. 能理智地应付困境。

2. 善于从实践中汲取经验。

3. 制订一些克服困难的计划并按计划去做。

4. 对自己取得成功的能力充满了信心。

5. 专心于工作或学习以忘却不快。

6. 对困难采取等待观望任其发展的态度。

7. 常用两种以上的办法解决困难。

8. 努力去改变现状，使情况向好的一面转化。

9. 汲取自己或他人的经验去应付困难。

10. 常用幽默或玩笑的方式缓解冲突或不快。

11. 常能看到坏事中有好的一面。

12. 努力寻找解决问题的办法。

13. 常感叹生活的艰难。

14. 不愿过多思考影响自己的情绪的问题。

15. 常以无所谓的态度来掩饰内心感受。

16. 对困难采取等待观望任其发展的态度。

17. 常用睡觉的方式逃避痛苦。

18. 避开困难以求心中安宁。

19. 逃避困难，不敢面对困难。

20. 认为"退后一步自然宽"。

21. 常告诫自己"能忍者自安"。

22. 自己能力有限，只有忍耐。

EPQ 量表

下面问题请根据自己的实际情况作"是"或"不是"的回答。

1. 你喜欢伤害你喜欢的人吗？是（　　）　否（　　）

2. 有时你喜欢开一些的确使人伤心的玩笑吗？是（　　）否（　　）

3. 你喜欢其他小朋友怕你吗？是（　　）　否（　　）

4. 在上生物课时你喜欢杀动物吗？是（　　）　否（　　）

5. 你比大多数小孩更爱吵嘴打架吗？是（　　）　否（　　）

6. 看见一只刚碾死的小狗你会难过吗？是（　　）　否（　　）

7. 是不是有人认为你做了对不起他们的事，他们一直想报复你吗？是（　　）　否（　　）

8. 你很喜欢取笑其他的小朋友吗？是（　　）　否（　　）

9. 你经常打架吗？是（　　）　否（　　）

10. 在学校里，你比大多数儿童更易受罚吗？是（　　）否（　　）

11. 你喜欢捉弄人吗？是（　　）　否（　　）

12. 有时看到一伙人取笑或欺侮一个小孩时你感到很好玩吗？是（　　）　否（　　）

13. 你喜欢干点吓唬人的事吗？是（　　）　否（　　）

14. 你愿意单独上月球去吗？是（　　）　否（　　）

15. 你的父母对你非常严厉吗？是（　　）　否（　　）

16. 你喜欢不告诉任何人独自离家到外面去玩吗？是（　　）否（　　）

17. 你会为落入猎人陷阱的动物难过吗？是（　　）　否（　　）

18. 你有不尊重父母的行为吗？是（　　）　否（　　）

19. 你喜欢周围有许多使你高兴的事情吗？是（　　）　否（　　）

20. 与别人交谈时，你几乎总是很快地回答别人的问题吗？是（　　）　否（　　）

21. 你宁愿单独一人而不愿和其他小朋友在一起玩吗？是（　　）　否（　　）

22. 你很活泼吗？是（　　）　否（　　）

23. 你有许多朋友吗？是（　　）　否（　　）

24. 有时你喜欢逗弄动物吗？是（　　）　否（　　）

25. 你喜欢在古老的闹鬼的岩洞中探险吗？是（　　）　否（　　）

26. 你喜欢做一些动作很快的事情吗？是（　　）　否（　　）

27. 你能使一个晚会顺利开下去吗？是（　　）　否（　　）

28. 你认为滑雪好玩吗？是（　　）　否（　　）

29. 交新朋友时，通常是你采取主动吗？是（　　）　否（　　）

30. 你喜欢给你的朋友讲笑话或滑稽故事吗？是（　　）　否（　　）

31. 你有许多课余爱好和娱乐吗？是（　　）　否（　　）

32. 在文娱活动中，你宁愿坐着看而不愿亲自参加吗？是（　　）　否（　　）

33. 你喜欢与别的小孩合群吗？是（　　）　否（　　）

34. 你喜欢跳降落伞吗？是（　　）　否（　　）

35. 在热闹的晚会上，你能主动参加并尽情玩耍吗？是（　　）　否（　　）

36. 你常常突然下决心要干很多事情吗？是（　　）　否（　　）

37. 你喜欢潜水或跳水吗？是（　　）　否（　　）

38. 别人认为你很活泼吗？是（　　）　否（　　）

39. 你很喜欢外出玩耍吗？是（　　）　否（　　）

40. 你经常感到幸福和愉快吗？是（　　）　否（　　）

41. 你认为自己是一个无忧无虑的人吗？是（　　）　否（　　）

42. 你常需要热心的朋友与你在一起使你高兴吗？是（　　）　否（　　）

43. 你喜欢乘坐开得很快的摩托车吗？是（　　）　否（　　）

44. 你爱生气吗? 是 ( ) 否 ( )

45. 你很容易感到厌烦吗? 是 ( ) 否 ( )

46. 有很多念头占据你的头脑使你不能入睡吗? 是 ( ) 否 ( )

47. 有许多事情使你烦恼吗? 是 ( ) 否 ( )

48. 你有无缘无故地觉得"真是难受"吗? 是 ( ) 否 ( )

49. 你常感觉生活非常无味吗? 是 ( ) 否 ( )

50. 你担心会发生一些可怕的事情吗? 是 ( ) 否 ( )

51. 当人们发现你的错误或你工作中的缺点时,你容易伤心吗? 是 ( ) 否 ( )

52. 你常无缘无故觉得疲乏吗? 是 ( ) 否 ( )

53. 你为某些事情发脾气吗? 是 ( ) 否 ( )

54. 你有一阵阵头晕的感觉吗? 是 ( ) 否 ( )

55. 你的感情很脆弱吗? 是 ( ) 否 ( )

56. 你常常感到厌倦吗? 是 ( ) 否 ( )

57. 你有时不安,以致不能在椅子上静静地坐一会吗? 是 ( ) 否 ( )

58. 你做许多噩梦吗? 是 ( ) 否 ( )

59. 你如果觉得自己干了件蠢事,你后悔很久吗? 是 ( ) 否 ( )

60. 有时你觉得不值得活下去吗? 是 ( ) 否 ( )

61. 做作业时,你思想开小差吗? 是 ( ) 否 ( )

62. 夜间你因为一些事情苦恼而有过失眠吗? 是 ( ) 否 ( )

63. 你在家中是否好像老是感到苦恼? 是 ( ) 否 ( )

64. 你常觉得孤单吗? 是 ( ) 否 ( )

65. 有时你无缘无故感到特别高兴,而有时又无缘无故感到特别悲伤吗? 是 ( ) 否 ( )

66. 你做事情往往不先想一想吗? 是 ( ) 否 ( )

多维疲劳量表（MFI）

指导语：下列问题是为了了解你最近的感觉如何，如果你觉得完全符合你的实际情况，请在每道题后相应的数字上打个"√"。（1：非常不符合；2：不怎么符合；3：不确定；4：比较符合；5：非常符合。）每个人对自己的看法都有其独特性，因此答案是没有对错的，你如实回答就行了。

1. 你感觉不错。1（　）2（　）3（　）4（　）5（　）

2. 你感觉你的体力使你只能做少量工作。1（　）2（　）3（　）4（　）5（　）

3. 你感觉自己精力充沛。1（　）2（　）3（　）4（　）5（　）

4. 你想要做各种自己感觉好的事情。1（　）2（　）3（　）4（　）5（　）

5. 你觉得累。1（　）2（　）3（　）4（　）5（　）

6. 你认为一天中你做了很多事。1（　）2（　）3（　）4（　）5（　）

7. 你在做事时能够集中注意力。1（　）2（　）3（　）4（　）5（　）

8. 根据你的身体状况，你能承担很多工作。1（　）2（　）3（　）4（　）5（　）

9. 你害怕必须做事。1（　）2（　）3（　）4（　）5（　）

10. 你认为你一天中做的事情太少了。1（　）2（　）3（　）4（　）5（　）

11. 你能够很好地集中注意力。1（　）2（　）3（　）4（　）5（　）

12. 你休息不错。1（　）2（　）3（　）4（　）5（　）

13. 你要集中注意力很费劲。1（　）2（　）3（　）4（　）5（　）

14. 你觉得自己的身体状况不好。1（　）2（　）3（　）

4（ ）5（ ）

15. 你有很多想做的事情。1（ ）2（ ）3（ ）4（ ）5（ ）

16. 你容易疲倦。1（ ）2（ ）3（ ）4（ ）5（ ）

17. 你做的事很少。1（ ）2（ ）3（ ）4（ ）5（ ）

18. 你不想做任何事。1（ ）2（ ）3（ ）4（ ）5（ ）

19. 你的思想很容易走神。1（ ）2（ ）3（ ）4（ ）5（ ）

20. 你感觉你的身体状况非常好。1（ ）2（ ）3（ ）4（ ）5（ ）

匹兹堡睡眠质量指数（PSQI）

指导语：

下面一些问题是关于你最近1个月的睡眠情况，请选择或填写最符合你近1个月实际情况的答案。请回答下列问题！

1. 近1个月，晚上上床睡觉通常_____点钟。

2. 近1个月，从上床到入睡通常需要_____分钟。

3. 近1个月，通常早上_____点起床。

4. 近1个月，每夜通常实际睡眠_____小时（不等于卧床时间）。

对下列问题请选择1个最适合你的答案。

5. 近1个月，因下列情况影响睡眠而烦恼：

a. 入睡困难（30分钟内不能入睡）（1）无（2）＜1次/周（3）1—2次/周（4）≥3次/周

b. 夜间易醒或早醒（1）无（2）＜1次/周（3）1—2次/周（4）≥3次/周

c. 夜间去厕所（1）无（2）＜1次/周（3）1—2次/周（4）≥3次/周

d. 呼吸不畅 （1）无（2）＜1次/周（3）1—2次/周（4）≥3次/周

e. 咳嗽或鼾声高（1）无（2）<1 次/周（3）1—2 次/周（4）≥3 次/周

f. 感觉冷　（1）无（2）<1 次/周（3）1—2 次/周（4）≥3 次/周

g. 感觉热　（1）无（2）<1 次/周（3）1—2 次/周（4）≥3 次/周

h. 做噩梦　（1）无（2）<1 次/周（3）1—2 次/周（4）≥3 次/周

i. 疼痛不适　（1）无（2）<1 次/周（3）1—2 次/周（4）≥3 次/周

j. 其他影响睡眠的事情（1）无（2）<1 次/周（3）1—2 次/周（4）≥3 次/周

如有，请说明：

6. 近 1 个月，总的来说，你认为自己的睡眠质量（1）很好（2）较好（3）较差（4）很差

7. 近 1 个月，你用药物催眠的情况（1）无（2）<1 次/周（3）1—2 次/周（4）≥3 次/周

8. 近 1 个月，你常感到困倦吗（1）无（2）<1 次/周（3）1—2 次/周（4）≥3 次/周

9. 近 1 个月，你做事情的精力不足吗（1）没有（2）偶尔有（3）有时有（4）经常有

中学生学习疲劳量表

如果你觉得完全符合你的实际情况，请在每道题后相应的数字上打"√"。（1 代表"非常不符合"、2 代表"比较不符合"、3 代表"不确定"、4 代表"比较符合"、5 代表"非常符合"）每个人对自己的看法都有其独特性，因此答案是没有对错的，你如实回答就行了。

1. 心烦意乱、躁动不安。　　　　5　　4　　3　　2　　1

2. 情绪沮丧、心情郁闷。　　　　5　　4　　3　　2　　1

3. 学习效率下降。	5	4	3	2	1
4. 想哭叫或发脾气。	5	4	3	2	1
5. 头晕。	5	4	3	2	1
6. 感到紧张、压力大。	5	4	3	2	1
7. 头部疼痛。	5	4	3	2	1
8. 腹胀。	5	4	3	2	1
9. 腰部疼痛。	5	4	3	2	1
10. 学习不专心。	5	4	3	2	1
11. 情绪易激怒、易冲动。	5	4	3	2	1
12. 四肢沉重。	5	4	3	2	1
13. 注意力难以集中。	5	4	3	2	1
14. 思维不清晰，脑子里一片混乱。	5	4	3	2	1
15. 做题时错误率高。	5	4	3	2	1
16. 思维呆滞、迟缓、运转不灵。	5	4	3	2	1
17. 易怒，一点不顺心的事也会大动肝火。					
	5	4	3	2	1
18. 头昏脑涨。	5	4	3	2	1
19. 心情不好、情绪不佳。	5	4	3	2	1
20. 学习效果不佳。	5	4	3	2	1
21. 颈肩酸痛。	5	4	3	2	1
22. 背部酸痛。	5	4	3	2	1
23. 记忆力减退。	5	4	3	2	1
24. 心中忧虑、焦急。	5	4	3	2	1

Sarason 考试焦虑量表

下列是关于考试焦虑方面的题目，请逐条阅读，并根据自己的实际情况进行作答，在右面选择合适的答案，并在是或否上面打"√"。答案没有对错、好坏之分，只求按实际情况填写。其中 1 代表是，2 代表否。

例如："参加重大考试时，你会出很多汗"，被试根据自己的实际情况答"是"或"否"，并在对应答案上打"√"。

1. 当一次重大考试就要来临时，我总是在想别人比我聪明得多

1   2

2. 如果我将要做一次智能测试，在做之前我会非常焦虑

1   2

3. 如果我知道将会有一次智能测试，在此之前我感到很自信、很轻松

1   2

4. 参加重大考试时，我会出很多汗

1   2

5. 考试期间，我发现自己总是在想一些和考试内容无关的事

1   2

6. 当一次突然袭击式的考试来到时，我感到很怕

1   2

7. 考试期间我经常想到会失败

1   2

8. 重大考试后，我经常感到紧张，以致胃不舒服

1   2

9. 我对智能考试和期末考试之类的事总感到发怵

1   2

10. 在一次考试中取得好成绩似乎并不能增加我在第二次考试中的信心

1   2

11. 在重大考试期间，我有时感到心跳很快

1   2

12. 考试完毕后我总是觉得可以比实际上做得更好

1   2

13. 考试完毕后我总是感到很抑郁

1   2

14. 每次期末考试之前，我总有一种紧张不安的感觉

1　　2

15. 考试时，我的情绪反应不会干扰我考试

1　　2

16. 考试期间，我经常很紧张，以致本来知道的东西也忘了

1　　2

17. 复习重要的考试对我来说似乎是一个很大的挑战

1　　2

18. 对某一门考试，我越努力复习越感到困惑

1　　2

19. 某门考试一结束，我试图停止有关担忧，但做不到

1　　2

20. 考试期间，我有时会想我是否能完成大学学业

1　　2

21. 我宁愿写一篇论文，而不是参加一次考试，作为某门课程的成绩

1　　2

22. 我真希望考试不要那么烦人

1　　2

23. 我相信，如果我单独参加考试而且没有时间限制的话，我会考得更好

1　　2

24. 想着我在考试中能得多少分影响了我的复习和考试

1　　2

25. 如果考试能废除的话，我想我能学得更多

1　　2

26. 我对考试抱这样的态度："虽然我现在不懂，但我并不担心"

1　　2

27. 我真不明白为什么有些人对考试那么紧张

1　　2

28. 我很差劲的想法会干扰我在考试中的表现

1　　2

29. 我复习期末考试并不比复习平时考试更卖力

1　　2

30. 尽管我对某门考试复习很好，但我仍然感到焦虑

1　　2

31. 在重大考试之前，我吃不香

1　　2

32. 在重大考试前，我发现我的手臂会颤抖

1　　2

33. 在考试前，我很少有"临时抱佛脚"的需要

1　　2

34. 校方应该认识到有些学生对考试较为焦虑，而这会影响他们的考试成绩

1　　2

35. 我认为，考试期间似乎不应该搞得那么紧张

1　　2

36. 一接触到发下的试卷，我就觉得很不自在

1　　2

37. 我讨厌老师搞"突然袭击"式考试的课程

1　　2

附录 4　访谈提纲

班主任老师部分

1. 学校有没有学生会有自杀或自残的想法？

2. 学校有没有学生有过离家出走或逃学的想法？

3. 学生恋爱最早的时间是在什么时候？

4. 学生有网恋现象吗？

5. 学生一年中看过多少本书？

6. 学生上网成瘾现象严重吗？

7. 学生有离家出走情况吗？

8. 发现有学生吸毒吗？

9. 学校曾有过学生怀孕堕胎吗？

10. 能否谈谈现在的学生学业压力情况

11. 课外阅读内容是什么

12. 喜欢什么课和老师

家庭部分

1. 现在的孩子学习开心吗？

2. 孩子和父母经常吵架吗？

3. 孩子参加家务劳动多吗？

4. 孩子曾经参加过什么兴趣班或补习班？

5. 孩子最崇拜的偶像是谁？

6. 孩子最大的烦恼是什么？

7. 孩子在家里有过失眠吗？

参考文献

1. Alati R Najman JM, Shuttelwood GJ, et al. Changes in mental health status amongst children of migrants to Australia: a longitudinal study. *Sociology of Health & Illness*, Vol. 25, No. 7, 2003.

2. Amanda C, Katherine C, Kristin M. The Association of Child Mental Health Conditions and Parent Mental Health Status Among U. S. *Children*, *Matern Child Health*, No. 16, 2012.

3. Arnett, J. J. Adolescentstorm and stress, reconsidered. *American Psychologist*, Vol. 54, No. 5, 1999.

4. Beiser M, Hamilton H, Rummens J A, et al. Predictors of emotional problems and physical aggression among children of Hong Kong Chinese, Mainland Chinese and Filipino immigrants to Canada. *Soc Psychiatry Psychiatr Epidemiol*, Vol. 45, No. 10, 2010.

5. Beiser M, Zilber N, Simich L, et al. Regional effects on the mental health of immigrant children: Results from the New Canadian Children and Youth Study (NCCYS). Health & Place, 2011, In Press, Corrected Proof Smokowski PR, Bacallao ML. Acculturation, internalizing mental health symptoms, and self-esteem: Cultural experiences of Latino adolescents in North Carolina. *Child Psychiatry and Human Development*, Vol. 37, No. 3, 2007.

6. Boe T, Sivertsen B, Heiervang E, et al. Socioeconomic Status and Child Mental Health: The Role of Parental Emotional Well-Being and Parenting Practices. *J Abnorm Child Psychol*, No. 42, 2014. pp. 705 – 715.

7. Brage D, Meredith W, & Woodward J. Correlates of Loneliness Among Midwestern Adolescents. *Adolescence*, No. 28, 1993.

8. Conger RD, Donnellan MB. An interactionist perspective on the socioeconomic context of human development. *Annual Review of Psychology*, No. 58, 2007.

9. Derluyn I, Broekaert E, Schuyten G. Emotional and behavioural problems in migrant adolescents in Belgium. *European Child & Adolescent Psychiatry*, Vol. 7, No. 1, 2008.

10. Diler RS, Avci A, Seydaoglu G. Emotional and behavioural problems in migrant children. *Swiss Med Wkly*, Vol. 33, No. 1 – 2, 2003. Neto F, Barros J. Predictors of Loneliness Among Students and Nuns in Angola and Portugal. *The Journal of Psychology*, Vol. 137, No. 4, 2003.

11. Neto F, Barros J. Psychosocial Concomitants of Loneliness among Students of Cape Verde and Portuga. *The Journal of Psychology*, Vol. 134, No. 5, 2000.

12. Folkman S. Personal control and stress and coping processes: a theoretical analysis. *J Pers Soc Psych*, Vol. 46, No. 4, 1984.

13. Horesh N, Sever J, Apter A. A comparison of life events between suicidal adolescents with major depression and borderline personality disorder. *Comprehensive Psychiatry*. Vol. 44, No. 4, 2003.

14. Houri D, Nam EW, Choe EH, et al. The mental health of adolescent school children: a comparison among Japan, Korea, and China. *Global Health Promotion*, Vol. 19, No. 3.

15. Hunt J, Eisenberg D. Mental health problems and help—seeking behavior among college students. *Journal of Adolescent Health*. Vol. 46, No. 1, 2010.

16. Kazemi M, Javid M. The relationship between mental health and women's tendency to suicide in sardasht. *Procedia—Social and Behavioral Sciences*. No. 5, 2010.

17. Kessler, RC, Berglund P, Demler O, et al. Lifetime prevalence and

age-of-onset distributions of DSM-IV disorders in the national comorbidi-ty survey replication. *Archives of General Psychiatry*, Vol. 62, No. 6, 2005.

18. Leavey G, Hollins K King M, et al. Psychological disorder amongst refugee and migrant schoolchildren in London. *Soc Psychiatry Psychiatr Epidemiol*, Vol. 39, No. 3, 2004.

19. Lloyd D A, Turner R J. Cumulative lifetime adversities and alcohol de-pendence in adolescence and young adulthood. *Drug and Alcohol De-pendence*. Vol. 93, No. 3, 2008.

20. Lu E, Dayalu R, Diop H, et al. Weight and Mental Health Status in Massachusetts, National Survey of Children's Health, 2007. *Matern Child Health*. No. 16, 2012. pp. 278 – 286.

21. Miech RA, Caspi A, Moffitt TE, et al. Low socioeconomic status and mentaldisorders: a longitudinal study of selection and causation during young adulthood. *American Journal of Sociology*, No. 1, 1999.

22. Mitchell P, Smedley K, Kenning C, et al. Cognitive behaviour thera-py for adolescent offenders with mental health problems in custo-dy. *Journal of Adolescence*. Vol. 34, No. 3, 2011.

23. Mourad MR, Levendosky A, Bogat GA, et al. Family psychopathology and perceived stress of both domestic violence and negative life events as predictors of women's mental health symptoms. *Journal of Family Vio-lence*, Vol. 23, No. 8, 2008.

24. Patel V, Flisher J, Hetrick S, et al. Mental health of young people: A global public-health challenge, Lancet, Vol. 369, No. 9569, 2007.

25. Paykel ES. Life events and affective disorders. *Acta Psychiatr Scand*, No. 108, 2003.

26. Rotter J B. General ized expectancies for internal versus external control of reinforcement. *Psychological Monographs: General and Applied*. Vol. 80, No. 1, 1966.

27. Sowa H, cdjnell AAM, Bengi-Arslan L, et al. Factors associated with

problem behaviors in Turkish immigrant children in the Netherlands. *Social Psychiatry and Psychiatric Epidemiology*, Vol. 35, No. 4, 2000.

28. Stevens GW, Vollebergh WA. Mental health in migrant children. *J Child Psychol Psychiatry*, Vol. 49, No. 3, 2008.

29. Survey of Children's Health, *Matern Child Health J*, No. 16, 2012.

30. Uguak U A, El ias H B, Ul i J, et al. The influence of causal elements of locus of control on academic achievement satisfaction. *Journal of Instructional Psychology*, Vol. 34, No. 2, 2007.

31. Vollebergh WA, ten Have M, Dekovic M, et al. Mental health in immigrant children in the Netherlands. *Soc Psychiatry Psychiatr Epidemiol*, Vol. 40, No. 6, 2005.

32. Zhang W, Chen Q, Mccubbin H, et al. Predictors of mental and physical health: Individual and neighborhood levels of education, *Social Well—Being, and ethnicity. Health & Place.* Vol. 17, No. 1, 2011.

33. 班永飞、宋娟：《小学生生活事件社会支持和亲社会行为的关系》，《中国学校卫生》2012 年第 10 期。

34. 陈红、黄希庭、郭成：《中学生身体自我满意度与自我价值感的相关研究》，《心理科学》2004 年第 4 期。

35. 陈红、黄希庭：《青少年身体自我的发展特点和性别差异研究》，《心理科学》2005 年第 2 期。

36. 陈顺森：《考试焦虑学生的考试威胁感、学习技巧与归因方式》，《中国健康心理学杂志》2007 年第 3 期。

37. 陈薇、李芳健等：《广州市中小学生自杀意念及影响因素研究》，《中国学校卫生》2006 年第 3 期。

38. 陈燕、金岳龙等：《中学生的亚健康状况与应激性生活事件、应对方式》，《中国心理卫生杂志》2012 年第 4 期。

39. 程龙、柳友荣：《巢湖市中小学生心理健康状况调查》，《中国学校卫生》2009 年第 5 期。

40. 程灶火、袁国桢、杨碧秀：《儿童青少年心理健康量表的编制和信效度检验》,《中国心理卫生杂志》2006 年第 1 期。

41. 崔哲、张建新等:《中学生家庭教养模式及应对方式与其心理健康的关系》,《中国临床心理学杂志》2005 年第 2 期。

42. 杜红梅、汪红烨、罗毅:《生活重大事件应对方式与小学生人格特质的相关性分析》,《中国学校卫生》2008 年第 3 期。

43. 杜萍、李其青:《农村中学生心理问题封闭性调查分析》,《教育与改革》2007 年第 1 期。

44. 段成荣、杨舸:《我国流动儿童最新状况——基于 2005 年全国1% 人口抽样调查数据的分析》,《人口学刊》2008 年第 6 期。

45. 范芳、桑标:《亲子教育缺失与"留守儿童"人格、学绩及行为问题》,《心理科学》2005 年第 28 期。

46. 冯选洁:《贵阳市高中生心理健康状况与父母教养方式的相关研究》,硕士学位论文,贵州师范大学,2008 年。

47. 傅宏:《江苏省青少年心理健康与心理健康教育蓝皮书》,南京师范大学出版社 2008 年版。

48. 龚耀先:《修订艾森克个性问卷手册》,湖南医学院出版社 1983年版。

49. 顾建华、陆惠琴:《张家港市中学生心理健康状况调查》,《职业与健康》2005 年第 1 期。

50. 郭亨贞、谢旭、王怡:《刍议现代健康概念的分层》,《西北医学教育》2006 年第 2 期。

51. 郭学东、李亚卿、王立娜等:《社会支持在初中生生活事件与心理健康间的调节作用》,《中国临床心理学杂志》2006 年第 5 期。

52. 郝振、崔丽娟:《自尊和心理控制源对留守儿童社会适应的影响研究》,《心理科学》2007 年第 30 期。

53. 胡韬:《流动少年儿童社会适应的发展特点及影响因素研究》,硕士学位论文,西南大学,2007 年。

54. 胡婷婷、陈友庆:《舟曲灾区青少年负性生活事件与主观幸福感的调查》,《中国健康心理学杂志》2013 年第 9 期。

55. 胡宜华:《青少年心理健康探究》,《科技信息》2007 年第 6 期。

56. 黄锟、陶芳标、高茗：《中专女生生活事件、应对方式与抑郁、焦虑情绪的关系》，《中国学校卫生》2006 年第 11 期。

57. 黄希庭、余华等：《中学生应对方式的初步研究》，《心理科学》2000 年第 1 期。

58. 黄雪竹、郭兰婷、唐光政：《青少年情绪和行为问题与生活事件的相关性》，《中华流行病学杂志》2006 年第 3 期。

59. 江光荣、柳珺珺、黎少游、段文婷：《国内外心理健康素质研究综述》，《心理与行为研究》2004 年第 4 期。

60. 教育研究院：《教育蓝皮书：中国教育发展报告（2015）》，社会科学文献出版社 2015 年版。

61. 李彩娜、邹泓：《青少年孤独感的特点及其与人格、家庭功能的关系》，《陕西师范大学学报》（哲学社会科学版）2006 年第 1 期。

62. 李芳、白学军：《高中生考试焦虑、自尊和应对方式的现状及关系》，《天津师范大学学报》（基础教育版）2006 年第 4 期。

63. 李浩秋：《留守儿童心理健康问题的社会工作介入——以鹤峰县留守儿童为例》，硕士学位论文，华中师范大学，2014 年。

64. 李蔚：《心理健康的定义和特点》，《教育研究》2003 年第 10 期。

65. 李雪平：《关于心理健康结构维度的研究及理论构想》，《西华大学学报》（哲学社会科学版）2004 年第 5 期。

66. 李育辉、张建新等：《中学生的自我效能感、应对方式及二者的关系》，《中国心理卫生杂志》2004 年第 10 期。

67. 梁燕：《青少年心理健康蓝皮书》，《检察风云》2006 年第 8 期。

68. 林琳、刘伟佳、刘伟等：《广州市 2008 年与 2013 年大中学生心理健康状况比较》，《中国学校卫生》2015 年第 8 期。

69. 刘广珠：《577 名大学生获得社会支持情况的调查》，《中国心理卫生杂志》1998 年第 3 期。

70. 刘启刚、李飞：《认知情绪调节策略在大学生生活事件和生活满意度间的中介作用》，《中国临床心理学杂志》2007 年第 4 期。

71. 刘霞、张跃兵、宋爱芹等：《留守儿童心理健康状况的 Meta 分析》，《中国儿童保健杂志》2013 年第 1 期。

72. 刘贤臣、刘连启、杨杰等：《青少年生活事件量表的信度效度检验》，《中国临床心理学杂志》1997 年第 1 期。

73. 刘晓慧、李秋丽、王晓娟等：《留守与非留守儿童生活事件与应对方式比较》，《实用儿科临床杂志》2011 年第 23 期。

74. 刘志军：《留守儿童的定义检讨与规模估算》，《广西民族大学学报》（哲学社会科学版）2008 年第 3 期。

75. 柳斌：《学生心理健康教育全书》，长城出版社 2000 年版。

76. 骆伯巍、高亚兵：《当代中学生心理健康现状的研究》，《教育理论与实践》1999 年第 2 期。

77. 吕英、吕昀：《父母不同教养倾向对高中生心理健康的影响》，《中国健康心理学杂志》2008 年第 1 期。

78. 马伟娜、徐华等：《中学生生活事件、自我效能与焦虑抑郁情绪的关系》，《中国临床心理学杂志》2006 年第 3 期。

79. 马伟娜、姚雨佳、周丽清：《自我效能和生活事件对中学生心理健康的作用途径及模型构建》，《中国学校卫生》2010 年第 10 期。

80. 马向真：《流动儿童自尊、自我意识与社会支持的关系研究》，《南京师大学报》（社会科学版）2014 年第 5 期。

81. 莫夏莉：《中学生心理健康状况及相关因素研究》，硕士学位论文，河北医科大学，2011 年。

82. 聂衍刚、郑雪等：《中学生人格特点和发展现状的研究》，《心理科学》2004 年第 4 期。

83. 欧阳霞：《青少年性心理发展的性别差异探析》，《青少年研究》2005 年第 1 期。

84. 任慧慧、李东旭：《心理控制源相关研究》，《吉林省教育学院学报》2010 年第 9 期。

85. 桑志芹、魏杰、伏干：《新时期下大学生心理健康标准的研究》，《江苏高教》2015 年第 5 期。

86. 沈景亭、贺峰、杨金友等：《沛县农村留守儿童心理健康状况及影响因素分析》，《中国校医》2016 年第 10 期。

87. 师保国、雷雳：《近十年内地青少年心理健康研究回顾》，《中国青年研究》2007 年第 10 期。

88. 谭和平：《中学生心理健康量表编制研究》，《心理科学》1998 年第 5 期。

89. 唐万琴、丛晓娜、徐波等：《南京市江宁区低年级中学生心理健康状况调查分析》，《医学研究与教育》2010 年第 1 期。

90. 陶芳标、张洪波、曾广玉等：《青少年自杀行为及其影响因素的研究》，《中国公共卫生》1999 年第 3 期。

91. 涂敏霞：《广州青少年心理健康状况调查》，《当代青年研究》2006 年第 10 期。

92. 王东宇：《小学"留守孩"个性特征及教育对策初探》，《健康心理学杂志》2002 年第 10 期。

93. 王福兰：《近十年我国心理健康教育研究综述》，《教育理论与实践》2002 年第 7 期。

94. 王极盛、李焰、赫尔实：《中国中学生心理健康量表的编制及其标准化》，《社会心理科学》1997 年第 4 期。

95. 王洛：《社交障碍逼近当代青少年》，《大河报》2010 年 9 月 20 日第 6 版。

96. 王苗苗、相青等：《中学生生活事件、自我控制与现实、网络行为偏差的关系》，《中国健康心理学杂志》2016 年第 6 期。

97. 王萍：《城市离异家庭与完型家庭子女心理健康状况比较研究》，硕士学位论文，东北师范大学，2007 年。

98. 王书荃：《学校心理健康教育十年研究回顾与思考》，《中国教育学刊》2007 年第 8 期。

99. 王予东、贺红梅、王增珍：《河南省区县高中生心理及行为问题调查分析》，《郑州大学学报》（医学版）2007 年第 1 期。

100. 王征宇：《症状自评量表（SCL_90）》，《上海精神医学》1984 年第 2 期。

101. 吴昊：《中学生生活事件对心理健康状况的影响》，《甘肃联合大学学报》（社会科学版）2004 年第 4 期。

102. 吴敏、时松和、葛菊红等：《生活环境因素与青少年心理健康的关系研究》，《中国学校卫生》2006 年第 1 期。

103. 肖计划、许秀峰：《"应付方式问卷"效度与信度研究》，《中国心理卫生杂志》1996 年第 4 期。

104. 肖建伟、石国兴：《高中生生活事件与心理健康及主观幸福感的相关研究》，《河北师范大学学报》（教育科学版）2005 年第 2 期。

105. 肖三蓉、徐光兴：《中学生人格特质的性别差异研究》，《中国临床心理学杂志》2007 年第 3 期。

106. 谢华、戴海崎：《SCL_ 90 量表评价》，《精神疾病与精神卫生》2006 年第 2 期。

107. 辛自强、张梅：《1992 年以来中学生心理健康的变迁：一项横断历史研究》，《心理学报》2009 年第 1 期。

108. 徐勇、杨普静、郑洋：《苏州中学生心理健康状况及健康教育对策研究》，《中国健康教育》2001 年第 10 期。

109. 许晖、安爱华等：《中学生心理健康状况及人格类型分析》，《上海预防医学杂志》2004 年第 6 期。

110. 许明智、龚耀先：《心理健康量表的初步编制》，《中国临床心理学杂志》2004 年第 2 期。

111. 杨阿丽、方晓义、涂翠平等：《父母冲突、青少年的认知评价及其与青少年社会适应的关系》，《心理与行为研究》2007 年第 2 期。

112. 杨宏飞：《我国中小学心理健康研究的回顾》，《中国心理卫生杂志》2001 年第 4 期。

113. 杨丽娴、连榕等：《中学生学习倦怠与人格关系》，《心理科学》2007 年第 6 期。

114. 腰秀平、姚雪梅：《中小学生考试焦虑研究综述》，《内蒙古师范大学学报 》（教育科学版）2005 年第 4 期。

115. 姚梅玲、刘丽等：《中学生应对方式、心理控制源与自我效能感研究》，《医药论坛杂志》2007 年第 7 期。

116. 姚梅玲、赵悦淑等：《家庭类型对中学生生活事件的影响分析》，《河南医学研究》2008 年第 1 期。

117. 叶秀秀、牛欣欣：《青少年心理危机的原因及干预对策探析》，《现代交际》2015 年第 7 期。

118. 叶苑、邹泓、李彩娜等：《青少年家庭功能的发展特点及其与心理健康的关系》，《中国心理卫生杂志》2006 年第 6 期。

119. 叶苑：《贵州省农村、城市中学生心理健康状况的比较研究》，《贵州师范大学学报》（自然科学版）2001 年第 1 期。

120. 于鸿雁：《留守儿童人格类型与心理健康水平》，《安庆师范学院学报》（社会科学版）2009 年第 3 期。

121. 岳颂华、张卫、黄红清等：《青少年主观幸福感、心理健康及其与应对方式的关系》，《心理发展与教育》2006 年第 3 期。

122. 张枫、刘毅梅、王洁等：《无锡市中学生心理健康状况调查分析》，《中国健康心理学杂志》2006 年第 4 期。

123. 张秋艳、张卫等：《中学生情绪智力与应对方式的关系》，《中国心理卫生杂志》2004 年第 8 期。

124. 张世平：《中国儿童的生存与发展：数据和分析》，中国妇女出版社 2006 年版。

125. 张守臣、宋文琼：《中学生人格和认知风格与社会适应性关系》，《心理科学》2010 年第 1 期。

126. 张万军、李杰等：《农村留守中学生应对方式、家庭社会支持与心理健康的关系》，《中国学校卫生》2010 年第 1 期。

127. 张志群、郭兰婷：《成都市区中学生抑郁症状及其相关因素研究》，《中国公共卫生》2004 年第 3 期。

128. 赵红、罗建国：《农村"留守儿童"个性及自我意识状况的对照研究》，《中国健康心理学杂志》2006 年第 14 期。

129. 赵伟柱、张守臣等：《初中生人格与心理健康》，《黑龙江教育学院学报》2008 年第 7 期。

130. 周步成：《心理健康诊断测验手册》，华东师范大学出版社 1991 年版。

131. 周瑾、梁福成、李庆玲：《农村高中生生活事件与社会支持对主观幸福感的影响》，《中国健康心理学杂志》2009 年第 8 期。

132. 周宗奎、孙晓军、刘亚、周东明：《农村留守儿童心理发展与教育问题》，《北京师范大学学报》（社会科学版）2005 年第 1 期。

133. 庄勋、周逸萍、荀鹏程等：《南通市高中生抑郁情绪及其影响因素分析》，《中国学校卫生》2007 年第 1 期。

134. 庄勋、朱湘竹、周逸萍等：《南通市高中生自杀行为的流行病学特征》，《中国学校卫生》2007 年第 5 期。

135. 邹泓：《青少年的同伴关系：发展特点、功能及其影响因素》，北京师范大学出版社 2003 年版。

后　　记

　　青少年是一个社会的希望，其心理健康水平将直接关系到未来社会发展的大局。当今世界全球化、信息化进程日益加快，科学技术飞速发展，国际竞争日趋激烈，在此背景影响下，青少年身心水平受到了前所未有的冲击。近几年来江苏省青少年的心理健康实际状况究竟如何？在苏南、苏北经济差异较大的现实情况下，江苏省青少年心理健康是否存在差异？我们都不甚清楚，因此了解江苏省青少年的心理健康实际情况，将有助于我们对青少年的发展提出更有实际意义的教育措施，有助于中小学心理健康教育工作有效开展，更有助于促进和谐家庭、和谐江苏、和谐社会的建设。

　　本研究受江苏省文明办委托，系江苏省青少年心理健康状况的社会调查。同时也是本人江苏省高校哲学社会科学基金重点项目"城市流动儿童品行状况及其教育现状的调查研究"（项目编号：2016ZDIXM030）成果之一。

　　在本书的撰写过程中，得到了许多同行学者的帮助，特别是南京晓庄学院心理健康教育与研究中心任其平主任的指导，从策划布局到调研访谈过程，提出了很多中肯的意见。同时也得到了陈真真、王申连、赵兆、王艳慧、杨雪梅、沈红、张丽琴、杨蓓蓓、胡博、孙青青等同仁的大力支持、帮助，在此一并表示衷心感谢！

　　本报告的完成还要感谢江苏省文明办未成年处的领导，特别是王道劭处长给我们提供许多建议和思路，使我们受益很深。同时感谢南京市、苏州市、淮安市、扬州市、常州市、南通市、宿迁市文明办和教育局未成年人指导中心的领导，有了你们的大力支持和良好的建议,才使本报告能够顺利完成。

　　最后要感谢很多从事心理健康教育调研的领导和中小学同仁们,特别是南京的赵小敏、孙小平、丁亚红、王利娜、卢国进、吴歌、祁义平、杨德息、徐静、万东冬老师,苏州的汪军、嵇雪杉、袁文婷、陆家浩、李文阳、孙昊、张文新老师,淮安的侯一波、魏志刚、盖静、黄海亚、陈壹明、姜松、赵霞、吴娟、陈静、李翠梅老师,常州的朱华忠、邵洁、贾俊峰、吴海燕、滕丽珍、江小燕老师,扬州的赵猛、杨露露、夏小梅、丁君、李宝琴、刘娟、周远辉老师,南通的费春华、傅鹃花、项丽娜、王婷、顾海燕、蔡燕老师,宿迁的戴巧燕、姜春艳、王叶婷、胡海英、刘林、卓维举老师,给我们提出了许多建议和思路,从中得到了宝贵的学习机会,让我们从中得到了许多有益的启示。

南京晓庄学院万增奎

2017 年 1 月